Manuel Reis Lopes

Avaliação agronómica do ciclo de vida e da pegada de carbono de

Manuel Reis Lopes

Avaliação agronómica do ciclo de vida e da pegada de carbono de

Óleo de Palma "Elais Guineenses" (Óleo de Palma) - Análise da Sustentabilidade em Áreas Degradadas na Amazónia Brasileira

ScienciaScripts

Imprint

Any brand names and product names mentioned in this book are subject to trademark, brand or patent protection and are trademarks or registered trademarks of their respective holders. The use of brand names, product names, common names, trade names, product descriptions etc. even without a particular marking in this work is in no way to be construed to mean that such names may be regarded as unrestricted in respect of trademark and brand protection legislation and could thus be used by anyone.

Cover image: www.ingimage.com

This book is a translation from the original published under ISBN 978-620-7-46493-7.

Publisher:
Sciencia Scripts
is a trademark of
Dodo Books Indian Ocean Ltd. and OmniScriptum S.R.L publishing group

120 High Road, East Finchley, London, N2 9ED, United Kingdom
Str. Armeneasca 28/1, office 1, Chisinau MD-2012, Republic of Moldova, Europe
Printed at: see last page
ISBN: 978-620-7-77499-9

Conteúdo

Epígrafe 2

Prefácio 3

O autor 4

Capítulo I 6

Capítulo 2 10

Capítulo 3 11

Capítulo 4 45

Capítulo 5 56

Capítulo 6 67

Referências bibliográficas 69

Anexos 78

Epígrafe

"Eu sei que é revoltante, mas você não vai mudar o sistema, tem que se safar, sem perder a identidade, mas garantindo o sucesso. Pense nisso como uma luta, agora parece que você está vencendo, mas é estratégico para você conhecer os pontos fracos do seu oponente e vencê-lo no canto, mesmo que seja para esgotá-lo."

"Ruth Nathalie Reis Lopes 2022"

"Uma das formas de preservar a Amazônia sem valorizar o desenvolvimento socioeconômico e cultural da comunidade é: integrá-la e desenvolver a cadeia produtiva, como parceiro econômico para culturas tropicais sustentáveis, como o óleo de palma";

"Reis Lopes. Manual 2021"

Prefácio

A escolha da linha de estudo se deve ao fato de a Amazônia ser sensível ao mundo em termos de preservação e equilíbrio, tornando o óleo de palma parte da cadeia alimentar e utilizado diariamente nos setores de biocombustíveis e agroalimentar, com sua habitat natural sendo as áreas tropicais como a Amazônia. A importância da preservação da Amazônia e do setor agroalimentar é fundamental para o mundo e, em particular, para o Brasil, seja na recuperação das sociedades amazônicas ou na melhoria econômica local e global. Além disso, a preservação da floresta contribui para minimizar as alterações climáticas em todo o mundo. A vulnerabilidade destes setores está associada a um amplo espectro de riscos: a supressão da biodiversidade amazônica, fundamental para o ciclo do carbono; a alteração dos sistemas hidrológicos hemisféricos, essenciais ao clima e às chuvas.

dissertação de mestrado , " Avaliação Agronômica do Ciclo de Vida e Pegada de Carbono do Óleo de Palma "Elais Guineenses " (Azeite de Palma) - Análise da Sustentabilidade em Áreas Degradadas na Amazônia Brasileira" fala sobre o pilar da sustentabilidade (econômica; ambiental e social) bem como, todos os seus aspectos conceituais e práticos, tendo como palavra-chave: Plano de Planejamento; Análise Técnica, Econômica e Financeira; Avaliação do Ciclo de Vida (ACV), Avaliação da Pegada de Carbono (GEE) e água do Agronegócio " Elaies guineensis ", Óleo de Palma, Biodiversidade, Sustentabilidade, Biocombustíveis; Equilíbrio energético; políticas de governação transnacional (Mesa Redonda sobre Óleo de Palma Sustentável (RSPO); Programa de Produção Sustentável de Óleo de Palma (SPOPP)).

O autor

O autor

Manuel Antonio Henriques dos Reis Lopes, natural de Luanda Angola/Portugal, 71 anos, Engenheiro de Ciências Agrárias pelo Politécnico da Escola Superior Agrária Tchivinguiro /Angola, estudante do 3° ano de Doutoramento em Agronegócio e Sustentabilidade pela Universidade de Évora, mestre em Gestão de Negócios Agrícolas pela Escola Superior Agrária Coimbra/ Portugal " Avaliação Agronómica do Ciclo de Vida e Pegada de Carbono do Óleo de Palma "Elais Guineenses " (Azeite de Palma) - Análise de Sustentabilidade em Áreas Degradadas na Amazônia Brasileira, MBA Agronegócio pela Escola Superior Agrícola ESALQ/USP " Viabilidade de implantação do projeto: Recuperação de Áreas Degradadas pelo Sistema Agrícola da Espécie Palmeira Elaies Guineensi s " com ampla experiência na Amazônia, tendo desenvolvido experiências de aspectos significativos e transformadores na área da agricultura (Agronegócio e Sustentabilidade). melhorar a eficiência na utilização dos recursos e a competitividade da agricultura; melhorar a sustentabilidade do sistema agroalimentar; garantir a conservação da biodiversidade e a multifuncionalidade da paisagem.

Com mais de 46 anos de profissão , na Amazônia brasileira, equatoriana, peruana e colombiana, elabora e coordena estudos científicos da empresa Socfinco Internacional (Bruxelas) e Socfinco do Brasil (Rio de Janeiro), relacionados a clima, solo, floresta e social, culminando com a publicação de 5 livros científicos (Amazônia- 1.000.000 Toneladas de Óleo de Palma (3 volumes) Amazon Dende - Projeto para a Realização de uma Primeira Unidade 33.000 HA -TEFE-AM; Cultivo e Industrialiazacion de la Palma Africana Quito- Equador Estudio de Fecabilidade Palmoriente), Contrato com WWF para Avaliação, relevância, instrução de processo para criação de três reservas extrativistas Brasil Pará. Consultoria: Avaliar a relevância e instruir processos para criação de 03 (duas) Reservas Extrativistas propostas no estado do Pará: município de Almeirim ; município de Curralinho e município de Novo Repartimento Realizar os relatórios: socioeconômicos, ambientais e fundiários das Áreas Propostas e definir um polígono nas áreas aptas à criação de Reservas Extrativistas

As experiências mais marcantes vividas na Amazônia equatoriana na região de Francisco de Orellana e na região de Tefé do estado do Amazonas (Amazônia) Brasil:

- Os SHUAR, embora houvesse autorização governamental para entrar em seus territórios para realizar os estudos necessários, Achei que seria apropriado pedir permissão ao líder para viajar por suas terras. A atitude que tomei foi muito bem recebida, tanto que fui convidado a sentar em roda com as figuras mais representativas da tribo e brindar com uma bebida, a Chicha (bebida fermentada produzida pelos povos indígenas da Cordilheira dos Andes desde o Império Inca) . , oferecido apenas a quem despertasse respeito.

- A Amazônia, sua magnitude é única, o contato inicial no seio da floresta, a sensação e o olhar me levaram a acreditar que sua heterogeneidade era homogênea, isso quase me levou a perder a vida "no início do meu estudo em Tefé Amazonas em duas frentes de trabalho na abertura de duas trilhas de prospecção do Norte e Leste até seu cruzamento (5x5 km), fui o responsável, orientei inicialmente o grupo Leste e fiz o mesmo com o grupo Norte, na volta para o grupo improvisado acampamento, feito com materiais vegetais existentes, entrei profundamente na floresta imaginando que o caminho era aquele que havia feito no caminho até lá, puro engano, a heterogeneidade se apresentou, fiquei perdido, "dormi" a noite tentando manter serenidade, não consegui, de manhã imaginei que ia guiar fui levado pelo sol, a mata não deixou, tentei seguir os riachos mas parecia que não fluíam, só à noite um índio soube que alguém estava perdido, foi em busca, me encontrou, não disse nada e nunca falou, em sua canoa pequena Fomos até a casa dele, comemos peixe/mandioca e café feito pela esposa dele, dormimos, de madrugada em sua canoa, pensei: "foi fácil, fácil! para quem sabe", depois de três horas chegamos em Tefé, ele me levou ao hospital quando eu quis agradecer, ele não estava mais lá" O gesto vai além de agradecer.

Os estudos científicos de campo, viajando por áreas florestais que nunca haviam sido desmatadas, permaneciam de 20 a 25 dias em cada viagem, e foram muitos entre 1976 e 1978, viajando pela floresta em acampamentos temporários, feitos de material vegetal existente, alimentando-se de frutas e pequenos animais, bebendo água de riachos e cipós aquáticos. -

Manoel Reis Lopes
reislopes.drtese@hotmail.com

Capítulo I

Introdução

1.1 .Generalidades

O óleo de palma [1]tornou-se uma das "mercadorias" agrícolas de elevada produtividade e uso geral, tendo sido utilizado mundialmente em diversos produtos que podem ser classificados como produtos alimentares e não alimentares, dos quais os biocombustíveis são um exemplo notável.

A maioria das oleaginosas possui fatores que limitam sua expansão, pois existem poucas terras ricas no globo adequadas para seus cultivos e suas localizações estão sujeitas a grande instabilidade climatológica (geadas, secas, etc.). No cenário internacional dentre todas as oleaginosas existentes destaca-se o óleo de palma(Elaeis guineensis Jacq.) ocupa o primeiro lugar, atingindo produção de petróleo acima de 56 milhões de toneladas anuais (USDA, 2012).

O óleo de palma não encontra limites na zona equatorial, que reúne todas as condições edafo -climatológicas ideais para sua expansão e sua real aplicação no campo energético. A área máxima autorizada para plantações de dendê é de 13,6% da área apta, ou 3,7% da área total do território brasileiro. Isso corresponde a 31,8 milhões de hectares disponíveis para plantações de dendê, com plantio permitido em áreas alteradas até 2008 (Brasil, 2010).

O Brasil é o maior detentor de terras contínuas do mundo na zona equatorial, e o dendezeiro é uma fonte ilimitada de riqueza e um meio seguro para o desenvolvimento da Amazônia. O Brasil possui mais de 58 milhões de hectares de áreas aptas ao plantio de dendê, apenas em áreas desmatadas da Amazônia Legal (Embrapa , 2010).

A maioria dos outros elementos (fibras, coques) são queimados para fornecer a energia necessária ao processamento, e as cinzas, ricas em potássio, são utilizadas como fertilizante. Em termos de rendimento por unidade de área cultivada, o óleo de palma produz entre 4 e 6 toneladas de óleo de palma/ano/ha e uma produção de 0,8/1,2 toneladas de óleo de palmiste/ano/ha (Embrapa , 2011).

O Brasil não representa um grande plantador e produtor desta importante cultura para atender às suas necessidades. Em 2005, segundo estatísticas do "Malaysian Palm Oil Board" [MPOC], o país ocupava o 11º lugar entre os maiores produtores mundiais de óleo de palma (com 160 mil toneladas), produção insuficiente para satisfazer a procura interna (Malaysian Palm Oil Council, 2012).

Os preços do óleo de palma no mercado asiático caminham para um período de aumentos persistentes. Segundo analistas de mercado entrevistados pelas agências de notícias Reuters e Bloomberg, a perspectiva é de restrição na disponibilidade da "commodity" para o mercado global (Biodieselb , 2019).

O óleo de palma é o produtor mais eficiente de óleo vegetal em todo o mundo e é cerca de cinco vezes mais produtivo por área do que a segunda maior cultura

---

1 O dendezeiro (Elaeis guineensis Jacq.), também conhecida como palmeira dende , coqueiro dende , dendê , dendezeiro africano, aabora , aavora , palmeira-da-guiné, palma, dendem (em Angola) palmeira-dendê, é uma palmeira nativa da Costa Oeste da África (Golfo da Guiné). Seu fruto é conhecido como dendê , e seu óleo como azeite de dendê ou azeite de dendê.

oleaginosa, a colza (Brassica napus) (Dislich et al., 2017). O óleo de palma é o óleo vegetal mais barato e é amplamente utilizado nas indústrias alimentícia, cosmética e de bioenergia (Moreno-Penaranda et al., 2018). Com o aumento da população global e a procura por energia não fóssil, a produção de dendê aumentou exponencialmente, de uma área total de 3,6 milhões de hectares em 1961 para 19 milhões de hectares em 2018 (FAOSTAT, 2018) e levou ao desmatamento de 2 milhões de hectares entre 2000 e 2010 (Ordway, 2019).

A Malásia e a Indonésia produzem 84% do óleo de palma bruto mundial (FAOSTAT, 2018) e a produção está a expandir-se para países africanos e latino-americanos (Ordway, 2019). O cultivo de dendezeiros aliviou a pobreza tanto para as famílias agrícolas como não agrícolas (Glinskis et al., 2019).

O óleo de palma é um produto valioso utilizado em todo o mundo como parte de um grande número de produtos utilizados diariamente nos setores de biocombustíveis, agroalimentar e de cuidados corporais (Mutsaers , 2019). É a principal fonte de óleo vegetal produzido principalmente na Indonésia e na Malásia (Villela et al., 2014). O óleo de palma é também o óleo vegetal mais comercializado a nível mundial, representando quase 60% das exportações globais de sementes oleaginosas (Carter et al. 2007), prevendo-se que a procura aumente substancialmente no futuro (Vijay et al., 2016). A principal vantagem do dendê em comparação com outras culturas oleaginosas é a produção significativamente maior por hectare, levando a maiores rendimentos (Khatun et al., 2017).

À medida que o comércio de óleo de palma cresce devido ao aumento da procura, estão a ser implementadas diversas medidas para tornar o óleo de palma sustentável. A implementação de estratégias integradas que visam expandir as plantações de dendezeiros em áreas com baixos estoques de carbono, de acordo com Permpool et al., (2016), evitam o desmatamento de florestas naturais, aumentando a produtividade das culturas para minimizar o uso da terra (Gerard et al. , 2017). Outras medidas incluem o aumento da utilização de fertilizantes orgânicos, a utilização do biodiesel como substituto dos combustíveis fósseis e a produção de biocarvão durante a replantação (Rivera-Mendez et al., 2017). Poucos produtos tropicais têm sido tão controversos como o óleo de palma. A grande pegada social e ambiental do sector nas últimas décadas tornou-o um alvo principal para a acção cívica, impulsionando o surgimento de várias inovações regulamentares transnacionais (Noordwijk et al., 2017).

A implementação do complexo agroindustrial [2] é um objectivo em si, não só porque é um meio para atingir objectivos, mas também por tudo o que representa em termos de expansão directa e indirecta do mercado de trabalho, introdução de tecnologia agrícola, uma mentalidade de evolução no meio ruralista, defendendo o progresso, a integração e a valorização do homem no meio rural. Traz benefícios positivos na geração de receitas fiscais para os países produtores e fluxos regulares de rendimentos

---

[2] Um complexo agroindustrial [CAI] consiste em um conjunto de processos sequenciais e interdependentes de processamento agrícola, industrial e comercial, aplicados a uma determinada matéria-prima agrícola básica, por exemplo, centeio, trigo, milho ou leite, que resultam em diferentes produtos destinados ao destino final. consumidor.

para um grande número de grandes e pequenos produtores envolvidos na produção de óleo de palma (Pacheco et.al., 2017).

1.2 .Motivos da escolha e importância do Tema

A escolha do tema da dissertação deve-se ao facto da Amazónia ser sensível ao mundo, na sua preservação e equilíbrio, fazendo com que o óleo de palma faça parte da cadeia alimentar e seja utilizado diariamente nos setores dos biocombustíveis e agroalimentar. O habitat natural do dendezeiro está em áreas tropicais como a Amazônia, e a importância da preservação da Amazônia e do setor agroalimentar é fundamental para o mundo e, em particular, para o Brasil, seja por meio da recuperação das sociedades amazônicas ou por meio de melhoria económica local. e globais. Além disso, a preservação das florestas contribuirá para minimizar as mudanças climáticas em todo o mundo, estando a vulnerabilidade destes setores associada a um amplo espectro de riscos: a supressão da biodiversidade na Amazônia, fundamental para o ciclo do carbono; a alteração dos sistemas hidrológicos hemisféricos essenciais para o clima e as chuvas, relevantes para a agricultura na América do Sul (o colapso destes sistemas poderia levar à conversão de florestas em áreas áridas). Uma das formas de preservar a Amazônia sem valorizar o - desenvolvimento socioeconômico e cultural da comunidade é: integrá-la e desenvolver a cadeia produtiva, como parceiro econômico para culturas tropicais sustentáveis, como o óleo de palma; no âmbito do agronegócio e da sustentabilidade, é possível à comunidade contribuir para o desenvolvimento da área agroalimentar sustentável; implementar estratégias integradas que visem expandir as plantações de óleo de palma em áreas de baixo carbono, já degradadas pelo desmatamento e pela agricultura e pecuária intensivas, evitando o desmatamento de florestas naturais fundamentais para o mundo; biodiversidade e alterações climáticas; aumentar a produtividade das plantações para minimizar o uso da terra e desenvolver a Amazônia.

1.3 Limitações da investigação

A maior limitação do estudo é a falta de dados sistemáticos e credíveis do inventário do ciclo de vida do dendezeiro (ICV), nomeadamente dados básicos sobre: fertilizantes, herbicidas e pesticidas utilizados no ciclo de produção; utilização de diesel, por exemplo, no transporte dos cachos e da energia elétrica consumida pela empresa produtora de óleo de palma. De referir que estes factores são os mais relevantes na estimativa dos gases com efeito de estufa, nomeadamente CO_2, CH_4 e N_2O, que correspondem às emissões mais importantes de origem antropogénica em sistemas relacionados com a agricultura (IPCC, 2006).

1.4 Recomendações para futuras investigações

Recomenda-se que em futuras investigações o cálculo das emissões diretas provenientes do uso de fertilizantes à base de nitrogênio seja feito de acordo com o modelo WRI/WBCSD, que as emissões diretas de N_2O sejam estimadas em toneladas de CO_2 equivalente (tCO_2eq) e que o cálculo seja estruturado com base em dados de fertilizantes sintéticos.

1.5 Benefícios para tomadores de decisão

O estudo de Avaliação do Ciclo de Vida do Dendezeiro (ACV) elaborado neste trabalho pode fornecer aos tomadores de decisão as seguintes informações: danos que suas ações causam ao meio ambiente; uma imagem tão completa quanto possível das interações de uma atividade com o meio ambiente; identificação dos principais impactos ambientais e das fases do ciclo de vida ou "pontos críticos" que contribuem para esses impactos; medidas de melhoria e formas alternativas de produção do mesmo produto, com menores impactos; avaliações de desempenho ambiental; obtenção de rótulos e declarações ambientais; plano de comunicação ambiental e social; quantificar as emissões e definir planos de monitorização; validação, verificação e certificação de emissões de gases de efeito estufa.

1.6 Contribuições de dissertação.

O Brasil, apesar de possuir uma matriz energética considerada limpa e um nível tecnológico avançado em muitas cadeias produtivas, com produtos competitivos no mercado internacional, pode não ter suas cadeias produtivas bem avaliadas do ponto de vista do desempenho ambiental em comparação com outros países e regiões (IPEA , 2016).

No Brasil, os estudos de ACV ainda são incipientes e as bases de dados sobre produtos agrícolas são raras, por isso são utilizadas bases de dados genéricas e não uma abordagem regionalizada que seria mais aconselhável, devido às características particulares do Brasil, tais como: condições climáticas, fatores de produção , sistemas de produção, sistemas de gestão, reciclagem de resíduos, etc. Ruviaro et al. (2016) destacam a necessidade urgente de mais pesquisas de ACV focadas em produtos agrícolas.

Este trabalho contribuirá também para alcançar as metas de sustentabilidade estabelecidas pelas Nações Unidas para 2030, em particular os objectivos 8, 13 e 15.

Capítulo 2

Objetivos

2.1 **Principais objetivos**

O principal objetivo da dissertação de pesquisa científica é realizar uma avaliação técnica, financeira e ambiental de um projeto de investimento que visa a produção de óleo de palma ocupando uma área de 600 ha na Amazônia - Brasil. Fatores como: Plano de Planejamento serão levados em consideração; Análise Técnica, Económica e Financeira, bem como todos os seus aspectos conceptuais e práticos. Os objetivos deste trabalho também serão realizar um balanço de gases de efeito estufa (GEE) e um balanço energético ao longo do ciclo de produção do dendezeiro. Neste contexto, será analisada a eficácia da certificação da Mesa Redonda RSPO sobre óleo de palma sustentável e do Programa de Produção Sustentável de Óleo de Palma (SPOPP). O Programa de Produção Sustentável de Óleo de Palma, no contexto amplo da sustentabilidade do cultivo de óleo de palma nas dimensões econômica, ambiental e social, com especial atenção, nesta última dimensão, aos pequenos agricultores, comunidades residentes inseridas na cadeia produtiva do óleo de palma no Amazônia brasileira

2.2 Problematização

Para o desenvolvimento da investigação foram delineadas as seguintes questões: (a) Qual o consumo de energia e quais os impactos ambientais por unidade de produção de dendê no projeto em estudo e, em especial, quais as emissões de gases de efeito estufa? estufa (GEE); (b) como essa carga energética e ambiental é dividida entre as etapas de produção do óleo de palma; (c) Até que ponto os programas: Programa de Produção Sustentável de Óleo de Palma (SPOPP) e o certificado da Mesa Redonda sobre Óleo de Palma Sustentável (RSPO) para óleo de palma no Brasil contribuem para a sustentabilidade do setor nos seus aspectos econômico, ambiental e social?

Capítulo 3

Revisão da literatura

3.1 Cultura de óleo de palma

O óleo de palma,nome científico " Elaeis guineensis"pertence à família Arecaceae , subfamília Arecoideae , tribo Cocoseae e subtribo Elaeidinae (Valois, 1997; Chia Et Al., 2009). Um grande número de tipos, formas ou variedades foram reconhecidos dentro da espécie com base nas diferentes características do fruto:

- Pigmentação Externa do Fruto: Nigrescens , Virescens
- Características da fruta: Normal, Coberta ou Poissoni
- Características do Endocarpo: Dura, Pisifera , Tenera. (Figura).

Na Figura 1 estão representados vários tipos de frutos (Valois, 1997; Chia et al., 2009) e na Figura 2 uma planta de dendê.

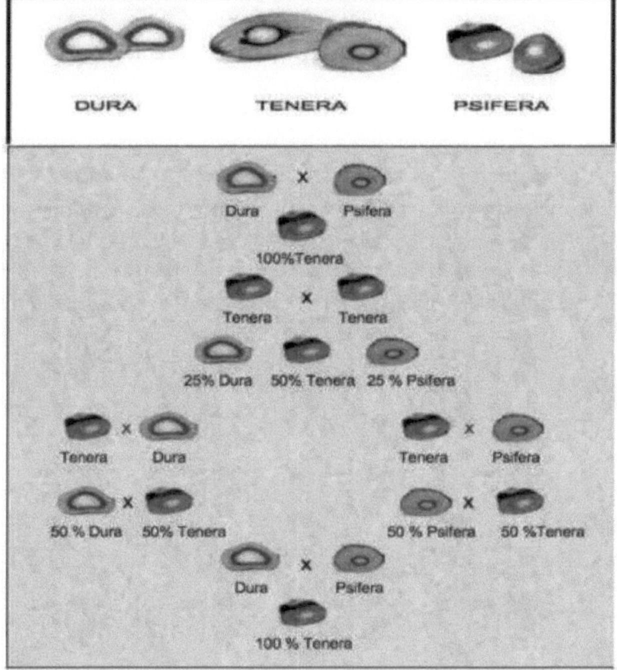

Figura 1- Três tipos de frutos de palmeira encontrados na variedade africana Elaeis guineensis e sequências de cruzamentos interespecíficos da variedade (Elaeis guineensis) para produzir o Híbrido Tenera. (Valois, 1997; Chia et al., 2009).

Figura2- Planta de óleo de palma (coleção do autor)

3.2 Habitat Natural do Dendê

O dendezeiro é considerado na África Tropical como seu habitat natural, onde ainda existe extensivamente hoje como uma espécie nativa semi-nativa, crescendo ao longo da costa ocidental. Devido às suas características peculiares como alta fonte energética , o óleo de palma tem sido atualmente disseminado por toda a zona tropical do globo, através de plantações agroindustriais planejadas (IRHO, 1994).

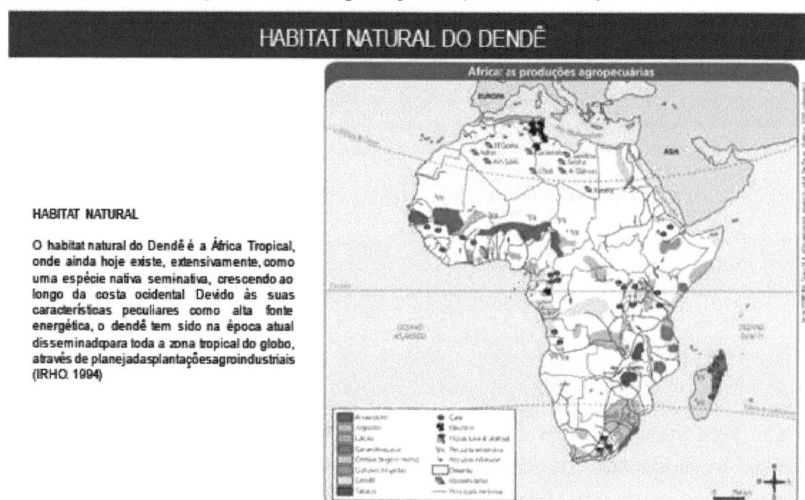

Figura 3- Habitat Natural de Palmeiras FAOSTAT (2011)

3.3 Distribuição Geográfica

Atualmente, o dendezeiro existe selvagem, semi-selvagem ou cultivado em três áreas de zonas equatoriais ou intertropicais, como África, Ásia e América do Sul e Central. No entanto, grande parte desta propagação foi o resultado da domesticação. Existem evidências fósseis e históricas de que o dendê é de origem africana (Corley e Tinker,

2003), ocorrendo naturalmente em toda a África Ocidental e Central, do Senegal a Angola, Costa do Marfim, Camarões e Zaire. Ocupa uma faixa costeira com aproximadamente 450 km de largura e no Congo ocorre também no interior até aos limites dos Lagos Alberto, Nyanza e Tanganica (Hayati et al., 2004).

No Brasil, com cerca de 187 mil ha de área plantada com dendê, o estado do Pará é responsável por mais de 83% da produção nacional de óleo de dendê (Abrapalma , 2017). No Brasil, estima-se que esta espécie foi introduzida por volta do século XVI, na região da Bahia e, posteriormente, foi introduzida na região amazônica onde predominam as culturas comerciais (Muller, 1992; Venturieri et al., 2009). Na Amazônia, pesquisadores do Antigo Instituto Agronômico do Norte (lAN) plantaram algumas linhagens da África no Pará em 1951 para verificar a adaptabilidade e produção dessa palmeira na região. Um mapa que mostra a extensão do cultivo de dendê nos 43 países produtores de dendê em 2009 é representado na Figura 4.

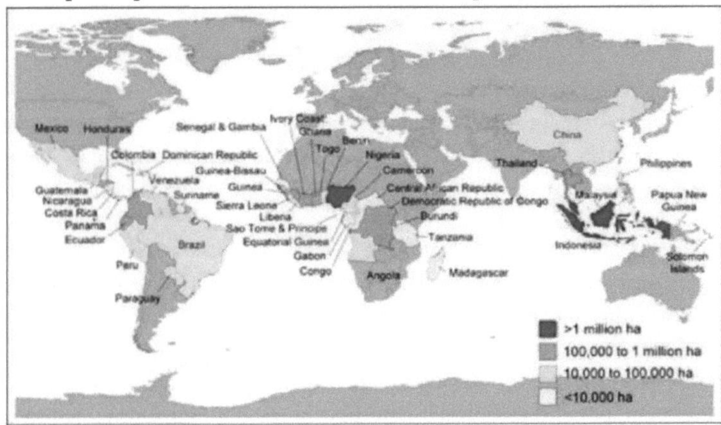

Figura 4- Mapa mostrando a extensão do cultivo de dendê nos 43 países produtores de dendê em 2009. O mapa original foi retirado de Koh & Wilcove (2008) e atualizado pelos autores com valores de 2009 da FAOSTAT (2011)

3.3 Ecologia do dendê

Existe uma correlação entre o clima e a produção de dendê: o clima favorável ao cultivo do dendezeiro é tropical ou equatorial úmido, com precipitações superiores a 1.800 mm e déficits hídricos não superiores a 300 mm. Em termos climáticos, os elementos que mais afetam a produção do dendezeiro são a temperatura do ar, as horas de sol e as chuvas, sendo a distribuição mensal das chuvas e a ocorrência de déficit hídrico os elementos que mais influenciam o crescimento e a produção da cultura. . (IRHO, 1976).

Os cruzamentos para plantações comerciais são escolhidos em correlação com critérios económicos: produção de petróleo por ha; qualidade do óleo; crescimento longitudinal; tolerância a doenças, etc. (Embrapa , 2007).

O Projeto importará sementes de centros genealógicos, material compatível com a região de plantio, que poderá ser Costa Rica (ASD) ou Malásia (Harrisons And Grupo

Crofield 1900-1999).

O fruto do dendê (Figura 5) é uma drupa séssil ovóide com 3 a 5 cm de comprimento, pesando aproximadamente 8 a 15 gramas cada, alojada em uma cúpula escamosa e dissecada (Conceição e Muller, 2000; Cunha et al. , 2009; Ferreira et al., 2012).

Figura5- Fruto do dendezeiro Tenera (coleção do autor)

A espécie E. guineensis apresenta grande variabilidade fenotípica de frutos, sendo possível distinguir três variedades de plantas de acordo com a presença e espessura do endocarpo:

a) Variedade dura - endocarpo com 2 a 8 mm de espessura, com poucas fibras dispersas na polpa do fruto, contendo 35 a 55% de polpa. A frequência desta variedade em palmeiras naturais é de 96% e é o único tipo de fruto relatado na espécie E. oleifera;

b) Pisifera : possuem frutos que não possuem endocarpo, apenas alguns vestígios representados por fibras lignificadas. Este tipo apresenta esterilidade feminina e nos palmares naturais a frequência é inferior a 1%;

c) Variedade tenra: frutos com espessura de endocarpo de 0,5 a 4 mm, apresentam fibras na polpa e 60 a 90% de polpa no fruto, frequência próxima a 3% em palmeiras espontâneas. Esta variedade é um híbrido intervarietal natural entre dura e pisifera , utilizado em plantações comerciais, conforme mostra a Figura 6.

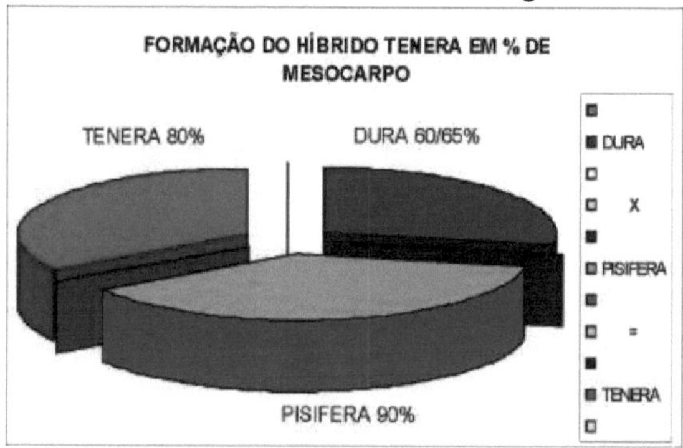

Figura 6- Formação do Híbrido Tenera (IRHO, 1976)

3.4 Biomassa de Óleo de Palma

A biomassa de óleo de palma (OPB) é um subproduto derivado da indústria do óleo de palma, disponibilizado periodicamente no campo durante as atividades de replantio e poda, e dos processos de moagem em fábricas de óleo de palma, nas seguintes proporções: tronco e folhas de palmeira (10%); torta de dendê (1%), talos (22%), fibras (12%), cascas (5%) e efluentes líquidos (50 %) (Furlan, 2006).

A tecnologia de utilização de óleos vegetais como biocombustíveis (biodiesel), a produção de etanol e metanol a partir da celulose, o desenvolvimento de combustíveis, além da melhoria dos processos de produção, colheita, armazenamento, transporte e processamento de biomassa, são alguns exemplos de inovações tecnológicas (Mapa , 2005).

3.5 Coprodutos do Óleo de Palma

Os coprodutos do óleo de palma podem ser reciclados nas plantações como fontes de nutrientes, na fabricação de uma série de produtos para a agricultura e como fontes de energia em processos vegetais que obtêm lama ácida de baixo valor agregado que permite a geração de Biodiesel com baixo custo. de produção. AAbaixo está um breve resumo da caracterização dos principais resíduos provenientes do processamento de frutos de palma.

- **Torta de palmiste ou amêndoa** - A torta de palmiste é o produto resultante da polpa seca do fruto, após moagem e extração de seu óleo (BRASIL, 2009). Sua composição possui alto teor de fibras, teor de proteínas entre 14% e 15% e digestibilidade da matéria orgânica entre 50% e 60%. Contém 3% a 5% de óleo de palmiste residual, cerca de 11% de água, 48% de carboidratos e 4% de cinzas (Furlan, 2006). Este coproduto tem sido utilizado como substituto satisfatório e econômico de alimentos de alto valor energético como milho e soja para bovinos (Wallace et al., 2010; Furlan, 2006). Estudos também apontam para a viabilidade do uso da torta na alimentação de cabras lactantes (SILVA et al, 2005) e Tilápia do Nilo (Oliveira et al., 1997). Na Papua Nova Guiné, há registro de que uma empresa utiliza uma mistura de melaço de cana-de-açúcar com capim picado e torta de dendê na alimentação do gado e como suplemento para aves (Yeong, 1985). A torta produzida no Pará pode ser incorporada aos sistemas de produção da região, mas alertam para a variabilidade na composição química. Esses autores testaram a torta de dendê em substituição ao farelo de trigo e concluíram que é possível substituir alimentos concentrados com proporção de 60% de farelo de trigo por torta de dendê (Rodrigues Filho et al., 1999). Silva e outros. (2005) avaliaram a digestibilidade da torta de dendê utilizada em substituição parcial aos concentrados à base de milho e farelo de soja na alimentação de cabras lactantes e concluíram que há viabilidade de dietas que incorporem até 30% da torta. No estudo de Oliveira et al. (1997) avaliaram a qualidade nutricional da torta de dendê sobre o desempenho produtivo da Tilápia do Nilo, concluindo que a torta pode ser incorporada em até 35% da dieta desses animais.

- **Aproveitamento de casca e fibra do mesocarpo** - As cascas representam em média 5% dos frutos do dendezeiro e devido ao seu alto valor calórico (4.401 kcal/kg e 20% de umidade) são amplamente utilizadas como combustível. A fibra do mesocarpo representa aproximadamente 12% do cacho do fruto fresco. Com valor calorífico superior a 2600 kcal/kg, é amplamente utilizado como combustível em plantas extrativistas (Singh et al., 1989). A fibra do mesocarpo pode ser utilizada como fertilizante orgânico, fornecendo boa quantidade de nutrientes (Ferreira et al., 1998).

- **Colmo ou cacho vazio** - O colmo ou cacho vazio é amplamente utilizado como adubo orgânico, contribuindo significativamente para aumentar o teor de matéria orgânica dos solos cultivados com dendezeiro (Furlan, 2006).

- **Efluente líquido - Efluente de Usina (POME)** - A gestão do efluente líquido conhecido como POME requer grande atenção das indústrias extrativas de óleo de palma. As usinas produzem dois efluentes: natural (bruto ou puro) e centrifugado, que contém níveis consideráveis de nutrientes, que podem substituir parte dos fertilizantes minerais (Furlan, 2006). O teor de nutrientes é bastante variável (Chan et al., 1981; Ferreira et al., 1998) e sua aplicação no solo em doses controladas e adequadas melhora as propriedades químicas e aumenta a fertilidade (Furlan, 2006). A quantidade de POME produzida depende do modelo de processamento da planta. Via de regra, trabalhamos com uma produção de 0,67t de POME fresca por tonelada de cacho de fruta fresca (CFF) processada (Redshaw, 2003).

- **Características do pomo** - Para cada tonelada de óleo de palma bruto produzido a partir de cachos de frutas frescas, são produzidas cerca de 6 toneladas de folhas de palmeira usadas, 5 toneladas de cachos de frutas vazios, 1 tonelada de troncos de palmeira, 1 tonelada de fibra de prensa. (do mesocarpo), podem ser obtidos 500 kg de endocarpo de caroço, 250 kg de torta de palma e 100 toneladas de efluente de fábrica de óleo de palma (POME) (Wikipedia, 2009) . , suspensão coloidal acastanhada, viscosa e volumosa com 95-96% de água, 0,6-0,7% de óleo e 2-4% de sólidos em suspensão (Ahmad AL et al., 2005). O efluente é originário do fluxo misto de condensado do esterilizador, lodo do separador e águas residuais do hidrociclone , principalmente na forma de fibras do mesocarpo (fibra do bolo prensado), cachos de frutos vazios e materiais do caule após o desengace dos frutos (Khalid AR et.al., 1992).).Contendo uma quantidade essencial de aminoácidos, nutrientes inorgânicos (sódio, potássio, cálcio, magnésio, manganês e ferro), organelas, fibras curtas, constituintes azotados, ácidos orgânicos livres e um conjunto de hidratos de carbono que vão desde a hemicelulose aos açúcares simples (Santosa SJ, 2008) o efluente apresenta alta demanda biológica de oxigênio de 10.250 a 43.750 mg/L, demanda química de oxigênio de 16.000 a 100.000 mg/L, sólidos suspensos de 5.000 a 54.000 mg/L, teor de nitrogênio variando de 200 a 500 mg/L. L L (nitrogênio amoniacal e nitrogênio total) e temperatura de descarga de 80-90 °C.

3.6 Óleo de palma

O óleo de palma é a principal fonte de óleo vegetal produzido principalmente na Indonésia e na Malásia (Villela et al., 2014). É também o óleo vegetal mais comercializado a nível mundial, representando quase 60% das exportações globais de oleaginosas (Carter et al., 2007) e prevê-se que a procura aumente substancialmente no futuro (Vijay et al., 2016). A procura global de óleo vegetal para consumo global crescerá para 240 milhões de toneladas até 2050 (Corley, 2009).

O óleo de palma tornou-se uma das commodities agrícolas de alta produtividade e uso geral e tem sido utilizado mundialmente em diversos itens, como alimentos, não alimentares e biocombustíveis. A maioria das oleaginosas anuais apresentam fatores que limitam sua expansão, pois existem poucas terras ricas no globo adequadas para seus cultivos e suas localizações estão sujeitas a grande instabilidade climatológica (geadas, secas, etc.). No cenário internacional, dentre todas as oleaginosas existentes, ocupa o primeiro lugar, atingindo produção de petróleo acima de 56 milhões de toneladas por ano (USDA, 2012).

A principal vantagem do dendê em comparação com outras culturas oleaginosas é a produção significativamente maior por hectare, levando a maiores rendimentos (Khatun et al., 2017). À medida que o comércio de óleo de palma cresce devido ao aumento da procura, estão a ser implementadas diversas medidas para tornar o óleo de palma sustentável. A implementação de estratégias integradas visa expandir as plantações de dendezeiros em áreas com baixos estoques de carbono (Permpool et al., 2016), evitando o desmatamento de florestas naturais e aumentando a produtividade das culturas, minimizando o uso da terra (Gerard et al., 2017). Outras medidas incluem o aumento da utilização de fertilizantes orgânicos, a utilização do biodiesel como substituto dos combustíveis fósseis e a produção de biocarvão durante a replantação (Rivera-Mendez et al., 2017). O dendê é sempre plantado junto com uma leguminosa como planta de cobertura, a KudzuTropical (pueraria), por motivos indiscutíveis, como: combate à erosão; elementos úteis para a planta cultivada; controle de pragas, etc.). O cultivo consorciado com leguminosas é recomendado para combater ervas daninhas, reduzir a compactação e erosão do solo e melhorar a fixação de nitrogênio (Muller, 1980).

Poucos produtos tropicais têm sido tão controversos como o óleo de palma. A grande pegada social e ambiental do sector nas últimas décadas tornou-o um alvo principal para a acção cívica, impulsionando o surgimento de várias inovações regulamentares transnacionais (Noordwijk et al., 2017;Rival e Levang, 2014).

O óleo de palma é principalmente um coletor de energia, produzindo petróleo (carbono, hidrogênio e oxigênio). Os elementos carbono, hidrogênio e oxigênio provêm principalmente da celulose, hemicelulose e lignina. Os elementos nitrogênio, fósforo e enxofre vêm principalmente de componentes menores, como a proteína (Feng e Lin, 2017).

O óleo de palma é extraído do fruto e é composto por 2 óleos: palma e palmiste, conforme mostra a Figura 7.

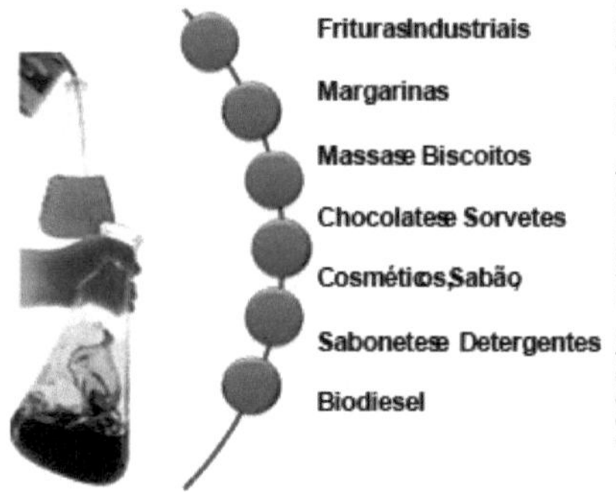

De acordo com a Oil World (2017) o óleo de palma refinado está presente em 50% dos produtos comercializados nos supermercados, sendo que 72% do óleo de palma produzido no mundo é aplicado em alimentação.

No Brasil, 97% da demanda de óleo de palma é para fins alimentícios, incluindo a indústria alimentícia (ABRAPALMA, 2017).

Além do uso consagrado para fins alimentícios, os óleos de palma e palmiste ganham cada vez mais utilizações industriais, o consumo mundial de óleo e gorduras em 2013 foi de 191.5 T.Mn distribuídos na alimentação 138.0 T. Mn (72%); energia-biodiesel 26.8 T. Mn. (14%); Produtos químicos 17.6 T.Mn (9,2%); outros principalmente em alimentação de animais (bovinos, equinos, suínos, etc.) 9.1 T.Mn (4,8%) (Oil World, 2014).

O óleo de dendé se apresenta sob uma forma sólida e líquido a 30°. A técnica de cristalização fracionária permite produzir uma fração líquida que se mantém absolutamente límpida a 5 e 7 graus C., qualidade básica para os óleos de cozinha, e uma fração sólida, ou estearina, que pode ser utilizada sem hidrogenação no preparo de margarina e do "shortening" (IRHO 1976)

Figura7- Óleos de palma e seu uso, adaptado de IRHO em Socfinco (1976)

Segundo a Oil World (2017), o óleo de palma refinado está presente em 50% dos produtos vendidos nos supermercados, sendo que 72% do óleo de palma produzido no mundo é utilizado na alimentação. No Brasil, 97% da demanda por óleo de palma é para fins alimentícios, incluindo a indústria alimentícia (ABRAPALMA, 2017).

Além do seu conhecido uso para fins alimentares, os óleos de palma e de palmiste são cada vez mais utilizados em aplicações industriais. O consumo global de óleos e gorduras em 2013 foi de 191,5 Mt distribuídos entre: alimentos 138,0 Mt (72%); biodiesel energético 26,8 Mt (14%); produtos químicos 17,6 Mt (9,2%); outros, principalmente na alimentação animal (bovinos, equinos, suínos, etc.) 9,1 Mt (4,8%) (Oil World, 2014).

O óleo de palma vem na forma sólida e líquida a 30°. A técnica de cristalização fracionada permite produzir uma fração líquida que permanece absolutamente límpida a 5 e 7 °C, qualidade básica para óleos de cozinha, e uma fração sólida, ou estearina, que pode ser utilizada sem hidrogenação no preparo de margarina e "encurtamento " (IRHO, 1976).

O óleo de palma de qualidade inferior, ou seja, com teor de acidez superior a 5%, é utilizado na produção de sabonetes, velas e ferro branco de baixa qualidade .

Aspectos científicos comprovam que a disponibilidade de substituto do óleo de palma com Diesel é uma realidade.

3.7 Mercado e comercialização de óleo de palma

A procura global por óleo vegetal está a crescer, estimando-se que 240 milhões de toneladas serão destinadas ao consumo alimentar em 2050 (Corley, 2009).

Na oferta e procura de óleos alimentares, dois factores devem ser tidos em conta, antes das importantes repercussões no seu consumo geral. O primeiro fator é o aumento contínuo da população mundial. Segundo a FAO (2015), cerca de 805 milhões de pessoas no mundo não têm alimentos suficientes para levar uma vida saudável e ativa. Ainda, segundo a ONU (2012), a população mundial em 2024 será superior a 8 mil milhões de pessoas e, em 2050, superior a 9,5 mil milhões, necessitando de uma maior oferta alimentar.

O segundo factor que influenciará a procura futura de óleos e sementes é o aumento geral do consumo por capita.O crescimento populacional, a maior concentração da população nas cidades e o aumento do rendimento per capita nas próximas décadas deverão apoiar o crescimento contínuo da procura global de alimentos. "Para alimentar esta população maior, urbana e rica, a produção de alimentos deve aumentar em 70%" (FAO, 2014).

Dos 17 óleos vegetais mais comercializados no mercado internacional, o óleo de palma é líder mundial em comércio e consumo entre as opções comestíveis. De acordo com estatísticas do Malaysia Palm Oil Board 2 [MPOB], a produção mundial tem crescido mais de 5% ao ano, número superior ao registado para o total de óleos e gorduras vegetais. Corroborando esse entendimento, a Oil World divulgou dados em que o mercado de óleos e gorduras cresceu 126% em vinte anos e a participação do óleo de palma aumentou de 15,8% para 29,8% do consumo global de óleos vegetais.

O óleo de palma não depende dos preços do bagaço para equilibrar a economia de todo o processo. Na figura 8 podemos observar a evolução dos preços do óleo de palma no mercado internacional. Observa-se que os preços do mercado mundial de óleo de palma entre janeiro de 2014 e novembro de 2023 variaram entre cerca de US$ 700 e US$ 1.777.

Figura 8 - Preços Mensais do Óleo de Palma USS/TON (USDA, 2023)

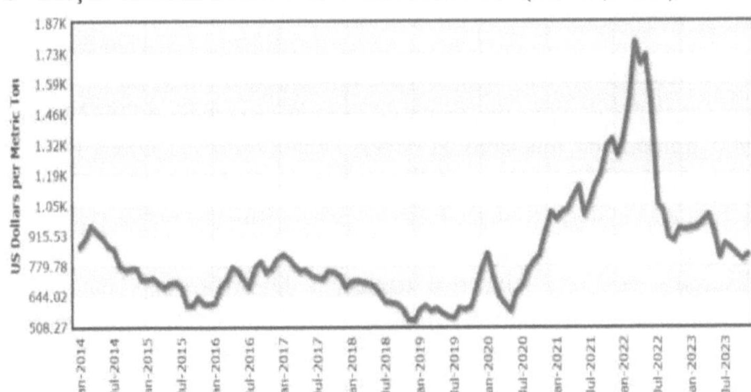

3.8 Produção Mundial de Palmeira em 2020/2021

O balanço entre importação e exportação indica que de quase toda a produção (75.464 toneladas) de óleo de palma, 75.161 toneladas são consumidas e o restante (303 toneladas) é estoque estratégico das indústrias que o utilizam como matéria-prima e serve apenas para manter o nível de Produção. O óleo de palma, sendo uma matéria-prima com características organolépticas especiais, é preferido a produtos similares, daí a utilização generalizada do óleo de palma em todo o mundo.

Entre março de 2020 e fevereiro de 2021, a produção global de dendê totalizou 75.464 Mton . Os principais produtores estão localizados na Ásia com uma produção de 63.400 Mton (84,0%) distribuída por 2 países: Indonésia 43.500 Mton (57,6%);

Malásia 19.900 Mton (26,4%). Tailândia, Colômbia, Nigéria e outros países produzem 12.064 milhões de toneladas (16,00%) (USDA, 2021).

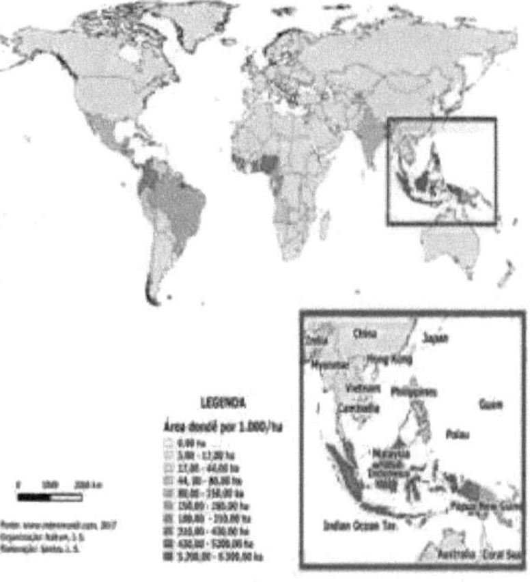

Figura9 – Distribuição geográfica e produção global de óleo de palma

Entre março de 2020 e fevereiro de 2021, as importações totalizaram 49.931 Mton . Os maiores importadores de óleo de palma do mundo são: Índia 8.700 Mton (17,4%); China 6.900 milhões de toneladas (13,8%); União Europeia 6.800 Mton (13,6%) representando 44,80%. Os restantes 55,2% são importados por outros países, incluindo Paquistão, Estados Unidos, Filipinas, Egipto, Quénia, Rússia e outros (USDA, 2021).

Os maiores exportadores mundiais de óleo de palma (51.338 Mton), entre março de 2020 e fevereiro de 2021, seguem a tendência dos maiores produtores, a saber: Indonésia 28.850 Mton (56,20%); Malásia 17.275 Mton (33,65%) representando 89,85% do total. Os restantes países Guatemala, Colômbia, Papua Nona Guiné e outros exportam 5.213 Mton (10,15 %) (USDA, 2021).

Os maiores consumidores de óleo de palma no mundo entre março de 2020 e fevereiro de 2021 foram: Indonésia 15.005 Mton (20%); Índia 8,88 milhões de toneladas (11,81%);

União Europeia 7.100 Mton (9,45%); China 6,92 Mton (9,21%) (USDA, 2021).

3.9 Produção, exportação, importação e consumo brasileiro de óleo de palma

A produção brasileira de óleo de palma é bastante baixa, tendo em vista que a cultura só começou a ganhar expressão no início da década de oitenta e, desde então, tem apresentado taxas de crescimento notáveis.

O estado do Pará possui a maior área produtora de óleo de palma do Brasil, respondendo por aproximadamente 88% da área total do país, como pode ser observado na Tabela 1 (Abrapalma , 2017).

Quadro1- Área plantada com dendê no Brasil em 2016 (Abrapalma , 2016)

Área plantada dos estados	%
Para 207252	87,7%
Bahia 26000	11,0%
Roraima 3000	1,3%
Total 236 252	100,0%

Em pesquisa recente, a Abrapalma concluiu que, em 2015, as oito principais empresas brasileiras movimentaram capitais da ordem de 1,2 bilhão de reais, empregaram mais de 13 mil pessoas e arrecadaram juntas R$ 170 milhões em impostos federais, estaduais e municipais. (Mesa 2).

Quadro 2 - Condições socioeconômicas e tributárias dos associados da Abrapalma em 2015, estado do Pará (Abrapalma , 2015)

Variáveis	Preço R$)
Faturamento	1.252.563.442
Impostos federais	140.988.152
Impostos estaduais	19.957.854
Impostos municipais	8.753.513
Empregos diretos	13.334
Agricultores familiares	1.009
Total de pessoas envolvidas	34.509

A produção de óleo de palma no Brasil em 2015, bem como o consumo, as importações e as exportações estão representados na Figura 9.

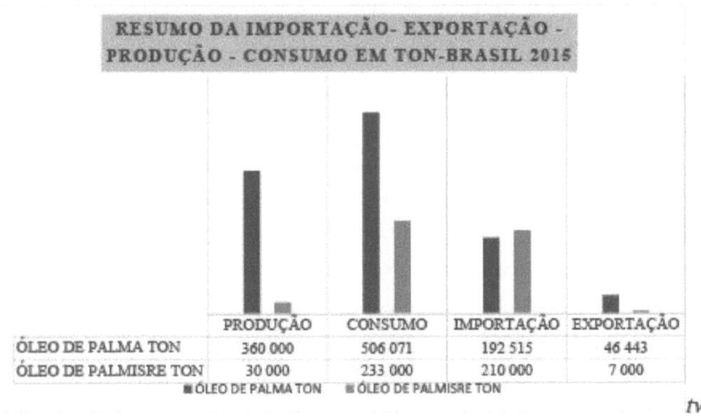

two)

dois)

. **Figura 10** Resumo de Importação x Exportação x Produção x Consumo de Óleo de Palma no Brasil em toneladas em 2015 (Abrapalma , 2015)

3.10 Brasil e óleo de palma

O óleo de palma não encontra limites na zona equatorial, que reúne todas as condições edafo -climatológicas ideais para sua expansão e sua real aplicação no campo energético. A área máxima autorizada para plantações de dendê será de 13,6% da área apta, ou 3,7% da área total do território brasileiro. Isso corresponde a 31,8 milhões de hectares disponíveis para plantações de dendê, com plantio permitido em áreas alteradas até 2008 (Brasil, 2010).

O Brasil é o maior detentor de terras contínuas do mundo, na zona equatorial, e o dendezeiro é uma fonte ilimitada de riqueza e um meio seguro para o desenvolvimento da Amazônia. O Brasil possui mais de 58 milhões de hectares de áreas aptas ao plantio de dendê, apenas em áreas desmatadas da Amazônia Legal (Embrapa , 2010). O óleo de palma é principalmente um coletor de energia solar, produzindo óleo de palma e óleo de palmiste (carbono, hidrogênio e oxigênio). A maior parte dos demais elementos (fibras, coques de amêndoa) é queimada para fornecer a energia necessária ao processamento, e a cinza, rica em potássio, é utilizada como fertilizante, tornando-se uma agroindústria autossustentável (EMBRAPA, 2011).

Em termos de rendimento por unidade de área cultivada, o óleo de palma produz entre 4 e 6 toneladas de óleo de palma/ano/ha e uma produção de 0,8/1,2 toneladas de óleo de palmiste/ano/ha (Embrapa , 2011) .

O Brasil não é um grande plantador e produtor dessa cultura e por isso importa parte dela para atender às suas necessidades. O Brasil produz cerca de 300 mil toneladas de óleo de palma, produção insuficiente para atender a demanda interna, que é de 500 mil toneladas por ano (MPOC , 2012). As perspectivas de participação do óleo de palma no mercado mundial são excelentes, com tendência ascendente dos preços, sem grandes oscilações, proporcionando à indústria transformadora global aquela segurança e estabilidade de disponibilidade tão necessárias ao seu planeamento e crescimento. Os preços do óleo de palma no mercado asiático caminham para um período de aumentos persistentes. Segundo analistas de mercado entrevistados pelas agências de notícias Reuters e Bloomberg, a perspectiva é de restrições na disponibilidade da commodity para o mercado global proveniente da Indonésia (Biodieselb , 2019).

A Amazônia é o maior bioma de floresta tropical do planeta, com área de 4,2 milhões de km ^{2} , conhecido por sua diversidade biológica e riquezas naturais, sendo considerado um valioso patrimônio ambiental, econômico, social e cultural. A partir da década de 1970, o desmatamento se intensificou com a abertura de estradas, queimadas, expansão agrícola, programas de colonização, incentivos fiscais, implementação de grandes projetos agrícolas e o processo de ocupação humana associado à propriedade da terra, o que acentua a desigualdade social e os conflitos relacionados à terra (Saito, 2011). Os programas de desenvolvimento agrícola estabelecidos na região indicam claramente a inadequação dos modelos agrícolas importados das regiões Sudeste e Centro do Brasil (pecuária, cultivo de grãos, etc.). Tais modelos resultaram em grande perda de biodiversidade, mais de 200.000 km2 de pastagens degradadas e improdutivas, altas taxas de desmatamento (na ordem de 15 a 20.000 km2 por ano) e emissões de grandes quantidades de gases de efeito estufa e aerossóis. Foram muitos os investimentos para ocupar a região, mas poucos resultados efetivos e eficientes na melhoria da qualidade de vida e na distribuição de renda da população amazônica. Além da pecuária, o cultivo de grãos, a monocultura de espécies florestais e a implantação de infraestrutura para grandes projetos de mineração e energia e, em menor escala, a agricultura familiar, têm provocado alterações na paisagem regional por meio do desmatamento de florestas nativas (Rivero et al. ., 2009).

Políticas adotadas no Brasil, como o Programa Nacional de Produção e Utilização de Biodiesel (PNPB), apontam o óleo de palma como a opção de matéria-prima mais viável para ser produzida pela agricultura familiar na Região Norte (BRASIL, 2004), bem como a O Programa de Produção Sustentável de Dendê (PSOP), proíbe a supressão da vegetação nativa e determina a exclusão de todas as unidades de conservação, reservas indígenas e áreas quilombolas para plantio de dendê. As áreas priorizadas pelo programa são áreas degradadas na Amazônia Legal.

A importância da preservação da Amazônia e do setor agroalimentar é fundamental para o mundo e, em particular, para o Brasil, seja na recuperação das sociedades amazônicas ou na melhoria econômica local e global (Reis Lopes M., 2021. Além disso, o a preservação da floresta contribuirá para minimizar as mudanças climáticas em nível global e a vulnerabilidade desses setores está associada a um amplo espectro de riscos: a supressão da biodiversidade na Amazônia, fundamental para o ciclo do carbono (Reis Lopes M., 2021) . essenciais ao clima e às chuvas, são importantes na agricultura da América do Sul. A quebra desses sistemas pode levar à conversão de florestas em áreas áridas. Uma das formas de preservar a Amazônia, sem comprometer o aspecto socioeconômico e cultural. o desenvolvimento da comunidade é integrá-la e desenvolver a cadeia socioeconômica de produção de culturas tropicais sustentáveis, como o óleo de palma (Reis Lopes M., 2021)

3.11 Sustentabilidade

O Desenvolvimento Sustentável incorpora atualmente diversos paradigmas para a produção de novos insumos que posteriormente atenderão às necessidades da sociedade.

Segundo Torresi et al. (2010), desenvolvimento sustentável significa o crescimento da sociedade que utiliza os recursos naturais sem esgotá-los, mantendo-os para as gerações futuras. Porém, em ambientes rurais, Neto et al. (2008), menciona que o aumento do uso de fertilizantes químicos, pesticidas e a mecanização reduzem a sua capacidade de visibilidade e provocam problemas ambientais e o crescimento desordenado das comunidades.

Para Veiga (2015), o termo sustentabilidade expressa um valor – e não um conceito – que só começou a ser estabelecido 50 anos após o lançamento pela ONU da Declaração Universal dos Direitos Humanos (datada de 1948). "A sustentabilidade é o único valor para prestar atenção às gerações futuras. Ou seja, para evocar a responsabilidade contemporânea pelas oportunidades, escolhas e direitos, que nossos bisnetos e seus descendentes terão alguma chance de desfrutar".

Etimologicamente, a palavra Sustentabilidade vem do termo sustentável, que tem origem no latim Sustinere , que significa "defender", "apoiar", "manter" e "conservar". A ideia de sustentável foi utilizada em diversas publicações, mas sem uma conceituação consistente do seu significado (Feil & Schreiber, 2017). O conceito de desenvolvimento sustentável surgiu em 1987, através do Relatório Brundtland, cujo conteúdo deve ser entendido como: [...] "um processo de transformação em que a exploração dos recursos, a direção dos investimentos, a orientação do desenvolvimento tecnológico e a a mudança institucional harmoniza e reforça o potencial presente e futuro, a fim de satisfazer as necessidades e aspirações humanas" (Comissão Mundial sobre Meio Ambiente e Desenvolvimento, 1991). Conceito mais amplo, que sustenta todos os seres e a continuidade do processo evolutivo.

"Sustentabilidade é qualquer ação que vise manter as condições energéticas, informacionais, físico-químicas que sustentam todos os seres, especialmente a Terra viva, a comunidade de vida e a vida humana, visando a sua continuidade e também atendendo às necessidades da geração atual e dos futuros, de forma que o capital natural seja mantido e enriquecido em sua capacidade de regeneração, reprodução e co- evolução" (Boff, 2016, p.1).

Feil & Schreiber (2017) acreditam que as analogias entre sustentabilidade e desenvolvimento sustentável avançam no sentido da compreensão das inter-relações de um sistema único composto por atividades humanas e ambientais. Para os autores, a sustentabilidade abrange sistemas e desenvolvimento sustentável no que diz respeito às necessidades humanas e ao bem-estar.

A sustentabilidade, de facto, na sua forma mais elementar, deve ser um projecto de integração: ambiente, sociedade (inclusão social), economia, mercado e Estado, que reflecte uma necessidade de ligar a sobrevivência à base da existência humana, a fim de manter a vida. condições. Essa ideia é simples e ao mesmo tempo complexa na perspectiva da justiça, dos critérios estabelecidos por meio de diretrizes, valores e princípios de toda uma sociedade (Cunha & Augustin, 2014).

Sustentabilidade é a capacidade de criar e manter as condições sob as quais a humanidade e a natureza possam subsistir em harmonia no presente, cumprindo os requisitos sociais, económicos e ambientais, sem comprometer a mesma capacidade de subsistência das gerações futuras (WCED, 1987; Programa das Nações Unidas para o Meio Ambiente , 2007; A sustentabilidade é então obtida através do equilíbrio entre estes três requisitos, ou dimensões, conforme mostra a Figura 11.

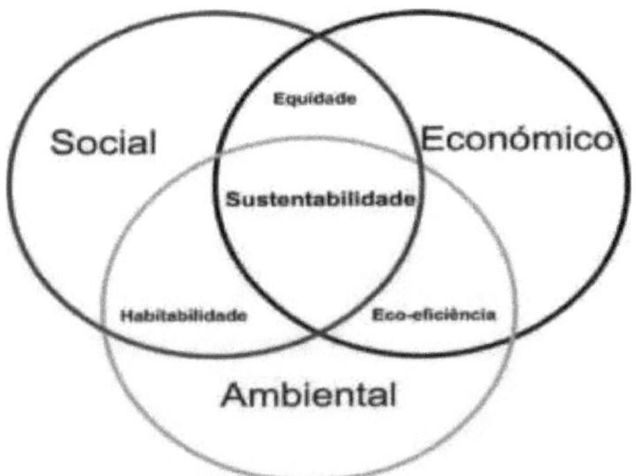

Figura11 - Dimensões da Sustentabilidade (Programa das Nações Unidas para o Meio Ambiente , 2007).

O conceito de agricultura sustentável abrange uma ampla gama de pontos de vista que refletem o conflito de interesses que existe na sociedade. Reúne, desde uma maioria que vê a possibilidade de simplesmente adaptar o sistema produtivo atual, até aqueles que vêem a possibilidade de promover mudanças estruturais - incluindo aspectos sociais, econômicos e ambientais - em todo o sistema (Redclift , 1987; Goodman, 1991) .

3.11.1 A Sustentabilidade do Óleo de Palma no Mundo

Apesar do crescimento económico, existem preocupações de que o rápido desenvolvimento e expansão das plantações de dendezeiros tenham deixado uma pegada ecológica indesejável. A expansão do dendê tem sido associada ao desmatamento de florestas e turfeiras (Setiawan et al., 2016; Vijay et al., 2016), levando a uma quantidade significativa de emissões de gases de efeito estufa (Miettinen et al., 2012) e à perda de biodiversidade (Koh e Wilcove , 2009;Linder e Palkovitz , 2016). O cultivo de dendê também leva a impactos sociais negativos, como a expropriação de terras e más condições de trabalho nas plantações (Gellert, 2015).

Os estudos em Kalimantan abordaram as ligações entre o desenvolvimento do dendê, o desmatamento e o envolvimento de atores públicos e privados em diferentes níveis (Prabowo et al., 2017). É importante enfatizar queEsses problemas não estão relacionados ao dendezeiro em si, mas ao estabelecimento e cultivo da cultura (Rival e Levang, 2014).

3.11.2 Certificação de sustentabilidade (RSPO)

A Mesa Redonda sobre Óleo de Palma Sustentável (RSPO) foi fundada em 2004 por um grupo multilateral, incluindo representantes do setor privado, organizações não governamentais (ONG) e investidores (Schouten, 2013). É um programa de certificação não estatal que procura abordar a sustentabilidade global do óleo de palma (Schouten, 2013). A RSPO é semelhante à certificação Forest Stewardship Council (FSC) para madeira (estabelecida em 1994), na qual um organismo de certificação terceirizado inspeciona a implementação de critérios de sustentabilidade pelos produtores. Em junho de 2019, 3,89 milhões de hectares de plantações de dendezeiros em todo o mundo tinham sido certificados pela RSPO (RSPO, 2019). Mais de 50%

desta área, ou seja, 1,97 Mha , está localizada na Indonésia, principalmente como plantações industriais. As áreas de pequenos produtores certificadas pela RSPO totalizam 452.933 ha globalmente, ou seja, 11,6% da área total certificada pela RSPO. Incluídos nestes números, apenas 26.615 ha, ou seja, 0,68% da área foram certificados para quem toma suas próprias decisões de manejo (pequenos produtores independentes) (RSPO, 2020). Embora as plantações industriais pertencentes a empresas privadas sejam responsáveis pela maior parte da desflorestação, as pequenas propriedades de dendezeiros estão a crescer rapidamente (10% ao ano - 1) e são difíceis de monitorizar e envolver (Lee et al., 2014). Para aumentar a escala, é de vital importância integrar os pequenos produtores e as áreas que eles administram ao programa de certificação. Embora a participação seja voluntária, as pressões do mercado internacional exigem que os produtores de produtos agrícolas cumpram padrões de sustentabilidade para entrar no mercado. Isto serve tanto como uma oportunidade como uma barreira para os pequenos agricultores se envolverem no mercado global.

3.11.3 Programa de Produção Sustentável de Óleo de Palma (PPSOP)

O PPSOP pode ser considerado um desdobramento, faz parte das ações que compõem o PNPB (Programa Nacional de Produção e Uso de Biodiesel), criado em 2004 com o objetivo de diversificar a matriz energética brasileira, num contexto global de crescente preço do petróleo e preocupações ambientais sobre encontrar alternativas que possam substituir os combustíveis fósseis. O Programa nasceu com o compromisso de viabilizar a produção e utilização do biodiesel no país, com foco na competitividade, na qualidade do biocombustível produzido, garantindo a segurança do seu abastecimento, diversificando as matérias-primas, fortalecendo o potencial regional de produção, e , principalmente, na inclusão social dos agricultores familiares (MDA, 2011).

As diretrizes do PPSOP segundo Laville (2009) são: «As políticas públicas têm influência nos mercados e é essencial considerar como podem ser utilizadas para incentivar a responsabilidade social e ambiental. É urgente desenvolver todo um conjunto de instrumentos e políticas (incentivos fiscais, criação de selo, políticas de compras, informação e formação, etc.) para criar as condições para a generalização da responsabilidade social e ambiental".

O Programa proíbe a supressão da vegetação nativa e determina a exclusão de todas as unidades de conservação, reservas indígenas e áreas quilombolas para plantio de dendê. As áreas priorizadas pelo programa são áreas degradadas na Amazônia Legal e áreas utilizadas para cana-de-açúcar no Nordeste. As ações deste programa estão focadas em cinco instrumentos:

• Crédito rural para agricultores familiares onde os produtores que obtiverem recursos do programa terão 14 anos para pagar, com carência de seis anos. As taxas de juros variam de 2% para agricultores familiares a 6,75% para demais produtores. Os agricultores familiares interessados em ingressar na cadeia produtiva poderão se beneficiar do PRONAF ECO, que permite empréstimos de até R$ 80 mil (oito mil por hectare). Durante o período em que o agricultor familiar espera a produção do dendê, que pode durar até cinco anos, ele conta com a remuneração do seu trabalho. O crédito só é concedido a produtores que já tenham assinado contrato com empresas processadoras de óleo de palma. Para regular essa participação, o programa estipulou um limite de 10 hectares de dendê para agricultura familiar. Com isso, o Governo Federal espera que os pequenos produtores não abandonem outras culturas alimentares. Outros produtores rurais (pessoas físicas e jurídicas), associações e cooperativas poderão acessar o PSOP.

• Investimentos em pesquisa e inovação com repasse de R$ 60 milhões para melhoramento genético de mudas e parcerias internacionais com institutos de excelência em óleo de palma.

• Qualificação da assistência técnica em cultivo de dendê e desenvolvimento rural sustentável na região amazônica. Com investimento inicial de quase R$ 300 mil do Ministério do Desenvolvimento Agrário (MDA), foi criado o Programa de Qualificação de Agentes de Assistência Técnica e Extensão Rural para a Cultura do Dendê na Região Amazônica, promovido pela Embrapa Amazônia Oriental, com o apoio da Empresa de Assistência Técnica e Extensão Rural do Estado do Pará (EMATER).

• Zoneamento Agroecológico que autorizou o cultivo de dendê em 13,6% da área apta, avaliada em 31,8 milhões de hectares ou 3,7% da área total do território brasileiro. O plantio de palma está restrito às áreas desmatadas até 2007, ano de referência utilizado no mapeamento do Programa de Monitoramento da Floresta Amazônica Brasileira por Satélite (PRODES) do Instituto Nacional de Pesquisas Espaciais (INPE). Para facilitar os investimentos, nas áreas identificadas pelo ZAE, o tamanho da reserva legal obrigatória foi reduzido dos atuais 80% para a Amazônia, para 50%. Isto, em projetos de palma, reduz o volume de investimento para restaurar a vegetação em áreas que foram desmatadas no passado, como pode ser visto na Figura 12.

• Criação da Câmara Setorial do Óleo de Palma, composta por representantes do Governo Federal (Ministério de Minas e Energia, Ministério da Agricultura, Pecuária e Abastecimento, Ministério do Desenvolvimento Agrário, Ministério do Desenvolvimento, Indústria e Comércio, EMBRAPA e Casa Civil) e representantes dos produtores, trabalhadores e consumidores de óleo de palma. A Câmara será responsável por regular e fiscalizar a cadeia produtiva (Drouvot , 2010)

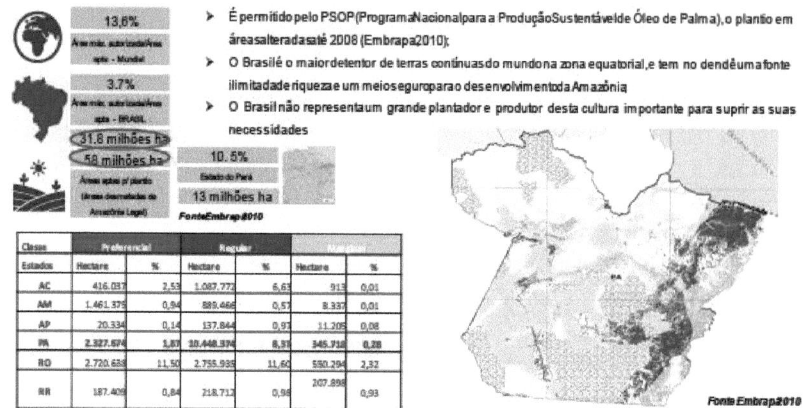

Classe Estados	Preferencial		Regular		Marginal	
	Hectare	%	Hectare	%	Hectare	%
AC	416.037	2,53	1.087.772	6,63	913	0,01
AM	1.461.375	0,94	889.466	0,57	8.337	0,01
AP	20.334	0,14	137.844	0,97	11.205	0,08
PA	2.327.574	1,87	10.448.374	8,31	345.718	0,28
RO	2.720.638	11,50	2.755.935	11,60	550.294	2,32
RR	187.409	0,84	218.712	0,98	207.898	0,93

Figura 12- Zoneamento Agroecológico para Plantio de Dendê nos Estados da Região Norte do Brasil

Os modelos de governação interna dos países produtores de óleo de palma podem estar mais bem equipados para conciliar as exigências internas, tais como o desenvolvimento económico e a redução da pobreza, e as preocupações transnacionais sobre a conservação das florestas (Frederico Brandao et. al., 2021).

3.11.4 Desmatamento

Foram encontradas cinco fontes secundárias que avaliaram o impacto da expansão do dendezeiro nas florestas. Segundo Benami et al. (2018), apenas 0,8% dos dendezeiros plantados pelas empresas desde o estabelecimento do SPOPP envolveram a conversão de florestas primárias e 3% envolveram a conversão de florestas secundárias. Um estudo recente de Almeida et al. (2020) corrobora esses achados ao demonstrar que aproximadamente 1% da área plantada com dendê envolveu conversão de floresta primária. Esta é uma melhoria acentuada em relação à era pré-SPOPP, quando entre 2006 e 2010 cerca de 4,1% do dendezeiro foi estabelecido à custa das florestas primárias e 4,9% à custa das florestas secundárias (Benami et al., 2018). Um estudo de Vijay et al. (2016) descobriram que entre 1989 e 2013 39,4% da expansão do dendezeiro envolveu a conversão de floresta primária.Almeida et al. (2020) também estimam que aproximadamente 30% das plantações de dendê estabelecidas em locais de estudo selecionados desde 1991 envolveram conversão florestal. Segundo Frederico Brandão et. al. (2021) O Brasil conseguiu evitar o desmatamento normalmente associado à expansão do dendezeiro. O estabelecimento do dendê envolveu a conversão de 0,8% e 1,3% das florestas primárias em plantações corporativas e de pequenos proprietários, respectivamente.

3.11.5 Inclusão de Pequenos Produtores

A literatura sobre a inclusão dos pequenos agricultores no SPOPP sugere que as metas de inclusão dos pequenos agricultores do SPOPP não foram alcançadas. Apenas 1.313 pequenos agricultores plantaram dendezeiros no âmbito do SPOPP desde 2010. Isto representa apenas 24% das metas iniciais de inclusão definidas pelas empresas no momento do lançamento do SPOPP (4.850 famílias) (Brandao et al., 2019). No total, não mais que 1% das propriedades dos pequenos produtores no Pará contém dendê. Mesmo nos municípios com maior concentração de agricultores contratados, o dendezeiro não se tornou uma cultura dominante (Frederico Brandaoet . al., 2021) e é plantado em apenas 8% das propriedades rurais na Tailândia, 7% em Tome AQU e 6% em São Domingos do Capim (Abrapalma , 2017;IBGE , 2017).

O desenho do SPOPP é influenciado por três objectivos globais, nomeadamente: prevenir a desflorestação induzida pelo dendezeiro; promover a inclusão de pequenos produtores; e expansão setorial e competitividade (Frederico Brandão, 2021). O mesmo autor afirma que "o governo brasileiro não conseguiu aumentar de forma otimizada a participação dos pequenos produtores no setor, pois foram observadas diferenças significativas de desempenho entre os produtores, variando de muito bem-sucedidos (17%) a muito mal sucedidos (12%) .) e não conseguiu atingir os objectivos de desenvolvimento sectorial e de competitividade".

3.12 Preservação Ambiental

A forma de interpretar a relação entre o ser humano e o meio ambiente, na contemporaneidade, é marcada por um profundo sentimento de responsabilidade social pelas alterações degradantes ao meio ambiente, causadas em vários países e que, sendo tão inconsequentes, passaram a ameaçar a saúde humana. vida no planeta (Lovelock, 2006).

Mode (2005), argumenta "que o modelo de produção econômica, antes entendido como produtor de melhorias na qualidade de vida das pessoas, gerou uma perda significativa de bem-estar e de condições mínimas de vida saudável para elas". Esse resultado trouxe à tona a compreensão, antes despercebida, de que o processo de degradação ambiental estava diretamente relacionado ao modelo de produção capitalista.

Um dos efeitos da degradação ambiental global é o desencadeamento da degradação ambiental global, determinando ações globais de prevenção, evidenciando o caráter internacional do debate sobre a preservação ambiental desde o seu início. John McCormick (1992)ensina que o início do movimento social pela preservação ambiental ocorreu na Europa, no final do século XIX e no limiar do século XX, expandindo-se para suas colônias como a Índia e países africanos, atingindo grupos em América do Norte e Austrália, sendo todas reações contrárias aos efeitos deletérios ambientais produzidos.

A partir do momento em que as relações entre uma vida humana digna e um meio ambiente equilibrado foram reconhecidas como indissociáveis por países de todo o mundo, os movimentos conservacionistas alcançaram uma inter-relação crescente, mobilizando órgãos públicos e privados de direito internacional. Os resultados resultantes da mobilização internacional pela preservação ambiental foram a criação de textos com abordagens voltadas à preservação ambiental, criando uma tentativa internacional de reduzir os impactos negativos criados.

A Conferência das Nações Unidas sobre o Meio Ambiente Humano, realizada em junho de 1972, em Estocolmo, destaca-se pela amplitude de sua abordagem e dos documentos elaborados, produzindo a Declaração sobre o Meio Ambiente Humano (Declaração de Estocolmo), um conjunto de princípios diretrizes para conduta em todo o mundo. para a preservação do meio ambiente. Este marco paradigmático lançou as bases para a discussão global no desenvolvimento de instrumentos capazes de promover o bem-estar das populações, reconhecendo os direitos das gerações presentes e futuras a um ambiente equilibrado e que garanta qualidade de vida.

Com o objetivo de avaliar as consequências da Declaração de Estocolmo, a ONU promoveu outra conferência que ficou conhecida como "Cúpula da Terra", realizada no Rio de Janeiro entre 3 e 14 de junho de 1992, gerando outra série de documentos que também se relacionaram com a produção de bens e serviços que promovam o desenvolvimento sustentável, destacando a Agenda 21 e o amadurecimento do conceito de desenvolvimento sustentável.

Dando continuidade ao projeto de preservação ambiental, as Nações Unidas têm incentivado as atividades empresariais a consagrarem, no seu modelo de desenvolvimento financeiro, os aspectos ambientais, assumindo um programa denominado Responsabilidade Social Corporativa (RES), que exige atenção em três focos específicos ou triple bottom-line : econômico, social e ambiental.

para o Desenvolvimento (PNUD), criado em 1965, que tem como um dos seus principais objetivos ajudar os países a desenvolverem o crescimento humano sustentável, sendo uma referência mundial nos estudos desenvolvidos. não podemos escapar é que na nossa civilização a criação de valor económico provoca, na grande maioria dos casos, processos irreversíveis de degradação do mundo físico [...] É simplesmente uma questão de reconhecer que o que chamamos de criação de valor económico tem como contrapartida processos irreversíveis do mundo físico, cujas consequências tentamos ignorar" (Furtado, 1974).

3.13 Economia e Meio Ambiente

O biólogo alemão Hernest Haeckel no século XIX propôs em sua obra "Morfologia Geral dos Organismos" a criação de uma nova disciplina científica ligada ao campo da biologia que, assim como a economia, seria projetada para estudar como os sistemas poderiam se desenvolver a fim de fornecer o bem comum entre as espécies que o compunham. Por estudar as relações entre as espécies animais e seu ambiente orgânico e inorgânico, foi cunhada como ecologia por Haeckel. A palavra ecologia deriva do grego oikos (casa) e logos (estudo), e deu origem ao que hoje é conhecido como "estudo ou ciência da casa". O mesmo oikos que deu origem à ecologia, somado à nomia (gestão, gestão) já havia dado origem a outra disciplina igualmente importante no mundo contemporâneo - a economia ou "gestão da casa" (Lago e Pádua, 1984; Costanza, 2007).

3.13.1 Economia Ambiental e Teoria Neoclássica

A corrente neoclássica, cujas origens remontam a 1870, é atualmente dominante no pensamento económico. A partir da sua criação, o preço de uma mercadoria deixa de ser valorado pelo custo do trabalho, como pressupunha a teoria clássica, e passa a ser valorado pela sua escassez. Mais precisamente, como descreve Jevons na Teoria da Economia Política, o trabalho determina o valor, mas indirectamente, variando o grau de utilidade da mercadoria através de um aumento ou redução na oferta. Por outras palavras, o valor depende inteiramente da utilidade e esta constitui um pilar fundamental da teoria neoclássica (Jevons, 1965).

3.13.2 Valor Econômico e Ambiental

O pagamento por serviços ambientais é uma das ferramentas de marketing baseadas em incentivos económicos da política ambiental, com o objetivo de resolver uma falha de mercado de "produtos" não comercializados como mercadorias, com preço zero, o que leva à sua exploração de forma insustentável (Engel e outros, 2008). Os pagamentos por serviços ambientais (PSAs) são estruturas flexíveis, mecanismos de compensação favoráveis e diretos, onde os prestadores de serviços são pagos pelos usuários dos serviços (Zolin (2010). Os serviços ambientais são comumente classificados em valores de uso e não uso. Uso direto que vem do consumo e o uso não consuntivo das florestas, como madeira, combustível e subprodutos florestais; e o uso indireto provém de serviços florestais, como proteção de bacias hidrográficas, funções hidrológicas, proteção da biodiversidade, proteção do solo, armazenamento de carbono e sequestro de carbono (Bergstrom.et. al., 1990).

3.14   Avaliação do Ciclo de Vida (ACV)

A avaliação do ciclo de vida é uma ferramenta de gestão criada para computar entradas e saídas de um sistema produtivo, com o objetivo de avaliar o desempenho ambiental dos produtos durante as diversas fases do seu ciclo de vida (ISO, 2006). Também conhecida como análise do berço ao túmulo , pode ser realizada de acordo com o trecho analisado: portão a portão, portão a túmulo, túmulo a berço (de porta a porta, de porta a túmulo ou de túmulo a berço).

ACV é uma técnica de avaliação do desempenho ambiental de um determinado produto, incluindo a identificação e quantificação da energia e das matérias-primas utilizadas no seu ciclo de fabricação. São também analisadas as emissões para a água, o solo e o ar resultantes da produção, utilização e disposição final, avaliando o impacto ambiental associado à utilização de recursos naturais (energia e materiais), as emissões de poluentes e identificando oportunidades de melhoria do sistema de forma a optimizar o desempenho ambiental do produto (Ferreira, 2004; Queiroz & Garcia, 2010). A ACV pode ser conceituada como uma ferramenta para avaliar os efeitos ambientais de um produto, processo ou atividade ao longo de seu ciclo de vida ou duração, conhecida como análise "do berço ao túmulo" (Roy et al., 2009).

Segundo a Associação Brasileira de Ciclo de Vida (ABCV, 2011), no Brasil a sigla ACV geralmente significa análise do ciclo de vida, mas a tradução em inglês "avaliação do ciclo de vida" também admite o significado de avaliação do ciclo de vida. e em alguns países europeus é utilizado o termo " ecoequilíbrio ". Basicamente, esta técnica realiza uma análise ou compilação de dados de um sistema de produto cujos resultados são posteriormente avaliados. ACV é uma análise ao detalhar os fluxos de um sistema de produto e é uma avaliação ao interpretar os fluxos.

Segundo Campolina et al. (2015), o SimaPro® é um dos softwares mais utilizados mundialmente para a realização de projetos de ACV. Este software foi desenvolvido na Holanda pela empresa Pré-sustentabilidade. O SimaPro ® permite a coordenação completa de um estudo de ACV, pois permite ao usuário modelar o sistema do produto analisado através da manipulação de recursos e bancos de dados de processos de ciclo de vida unitários disponíveis. O SimaPro ® permite o gerenciamento da documentação dos dados primários coletados, além de conjuntos de dados de inventário de ciclo de vida, incluindo a base de dados Ecoinvent ®. O software permite realizar análises de inventário do ciclo de vida (LCI) e avaliação de impacto do ciclo de vida (LCIA) do projeto, utilizando diversas metodologias.

Num estudo de ACV normalmente são avaliados vários problemas ambientais, dos quais destacamos os seguintes:

Esgotamento dos Recursos Abióticos

O esgotamento dos recursos abióticos (recursos naturais, como minerais e combustíveis fósseis) é uma das categorias de impacto que suscita maior discussão entre os investigadores e consequentemente aquela que apresenta uma grande variedade de métodos para caracterizar a sua contribuição (Gurnee et al., 2001).

Os Fatores de Depleção Abiótica (FDA), dados por Gurnee et al. (2001), são determinados para cada tipo de recurso, inclusive combustível fóssil, com base em suas reservas, apresentadas na forma de kg de antimônio equivalente para cada kg (ou m3 no caso do gás natural) de recurso extraído, conforme exemplificado em Tabela 3.

Quadro 3- Tipos de Combustíveis Fósseis e Fatores de Depleção Abiótica

Combustível fóssil	Factor de depleção abiótica (kg Sb-eq.)
Carvão-hulha (kg)	0,0134
Carvão-lignite (kg)	0,00671
Gás natural (m^3)	0,0187
Petróleo (kg)	0,0201

Aquecimento Global (Gwp100a)

O aquecimento global causado por uma substância é dado pela multiplicação do seu potencial de aquecimento global, GWP (Potencial de Aquecimento Global), pela massa (kg) da substância emitida. O resultado do efeito é expresso em kg de equivalentes de CO2. Os potenciais de aquecimento global do GWP, desenvolvidos pelo IPCC (Painel Intergovernamental sobre Mudanças Climáticas), são amplamente utilizados (Nichols et al. 1996). O GWP de uma substância é a relação entre a contribuição para a absorção do calor de radiação resultante da descarga instantânea de 1 kg de um gás de efeito estufa e uma emissão igual de dióxido de carbono (CO2) integrada ao longo do tempo (Heijungs et al., 1992) .

Horizontes de tempo longo (100 e 500 anos) são usados para o efeito cumulativo, enquanto horizontes de tempo curto (20 anos) fornecem uma indicação dos efeitos de curto prazo das emissões. As incertezas no GWP aumentam com a extensão do horizonte temporal.

Destruição da camada de ozono

Estudos demonstraram que a radiação ultravioleta, dependendo da sua intensidade, pode causar queimaduras, câncer de pele, envelhecimento da pele, lesões oculares, etc. (Chipperfield, 2015). Ao ser atingida por fótons ultravioleta de alta energia (comprimento de onda menor que 242 nm, ou seja, na região UVC e ultravioleta extremo), a molécula de gás oxigênio (O2) presente na estratosfera se dissocia em dois átomos atômicos de oxigênio [O] e como um Como resultado, esta radiação ultravioleta de alta energia é completamente absorvida pela atmosfera e a sua incidência na superfície da Terra é zero. Como o oxigênio atômico é altamente reativo, quando encontra uma molécula de gás oxigênio, reage com ela para produzir ozônio (O3). A taxa de combinação depende da altitude, ou seja, das moléculas do gás oxigênio e do oxigênio atômico, mas estima-se que o tempo de vida do oxigênio atômico na estratosfera seja inferior a 1 segundo (CCPO, 2020). De forma simplificada, a reação final seria:

O2 + high energy UV radiation →[O] + [O]

[O] + O2 → O3 + heat

Parte do ozônio produzido é dissociado por fótons ultravioleta de alta energia, produzindo gás oxigênio. O oxigênio atômico produzido reage com o gás oxigênio para formar ozônio e dissipar o calor. Em outras palavras, a radiação ultravioleta de alta energia absorvida na estratosfera pelo oxigênio gera ozônio e calor.

O3 + high energy UV radiation → O2 + [O]

[O] + O2 → O3 + heat

A produção diária de ozônio na Terra é estimada em 400 milhões de toneladas, e o balanço de sua geração e dissociação mantém a massa total de ozônio na atmosfera em 3 bilhões de toneladas, o que significa que essa camada se renova a uma taxa de 12% ao ano . dia (CCPO, 2020).

Em 1974, dois pesquisadores (Molina e Rowland, 1974) publicaram um artigo mostrando que o aumento do teor de compostos de clorofluorometano (CF2Cl2 e CFCl3) utilizados em refrigeração e aerossóis na atmosfera causaria a destruição da camada de ozônio estratosférico. Segundo eles, esses gases eram bastante estáveis, com vida útil entre 40 e 150 anos, e na parte superior da atmosfera interagiriam com fótons e produziriam cloro atômico, que é bastante reativo com o ozônio, segundo as reações:

CF2Cl2 + photons → CF2Cl + [Cl]

CFCl3 + photons → CFCl2 + [Cl]

[Cl] + O3 → ClO + O2

ClO + [O] → [Cl] + O2

Ending: O3 + [O] → 2 O2

Conforme observado nessas reações, o átomo de cloro atua como catalisador da reação, ou seja, não é absorvido. Assim, um único átomo de cloro pode destruir dezenas a centenas de milhares de moléculas de ozônio antes de ser removido da estratosfera. O átomo de cloro permanece na estratosfera até reagir com outro gás, como o metano (CH4), por exemplo, produzindo HCl, que pode ser trazido à superfície pela chuva (Ozone Hole, 2006).

Em 1985, Farman e colaboradores (Farman, 1985) publicaram um artigo mostrando que a redução no conteúdo total de ozônio durante a primavera na região Antártica (setembro a novembro) estava relacionada à taxa de gases NO2 e NO na atmosfera:

NO2 + photons → NO + [O]
NO + O3 → NO2 + O2
NO2 + [O] → NO + O2
Final: NO2 + O3 + photons → NO + 2 O2

No mesmo ano (1985), 28 países assinaram a Convenção de Viena para a Proteção da Camada de Ozônio, e em 1987, 46 países assinaram o Protocolo de Montreal para limitar a produção e o consumo de substâncias que destroem a camada de ozônio (ODS = destruição do ozônio substâncias). Estas substâncias incluem (Tabela 4): clorofluorocarbonetos (CFC), hidroclorofluorocarbonetos (HCFC), hidrobromofluorocarbonetos (HBFC), halons, brometo de metilo, tetracloreto de carbono, clorobromometano e clorofórmio de metilo. Eles são bastante estáveis, sendo degradados apenas pela radiação ultravioleta de alta intensidade na estratosfera.

O Brasil aderiu à Convenção de Viena e ao Protocolo de Montreal em 1990 e, em junho de 2020, 198 países já haviam aderido a ambos (PNUMA, 2020a). O resultado foi uma redução drástica na produção e consumo desses gases como pode ser visto na Figura 13.

Quadro4- Gases controlados pelo Protocolo de Montreal (EPA, 2020).

Nome/Fórmula	TV	PDO	GWP-AR5
Anexo A - Grupo 1			
CFC-11 (CCl3F)	45	1	4660
CFC-12 (CCl2F2)	100	0.82	10200
CFC-113 (C2F3Cl3)	85	0.85	5820
CFC-114 (C2F4Cl2)	190	0.58	8590
CFC-115 (C2F5Cl)	1020	0.5	7670
Anexo A - Grupo 2			
Halon 1211 CF2ClBr	16	7.9	1750
Halon 1301 (CF3Br)	65	15.9	6290
Halon 2402 C2F4Br2)	20	13.0	1470
Anexo B - Grupo 1			
CFC-13 (CF3Cl)	640	1	13900
CFC-111 (C2FCl5)		1	
CFC-112 (C2F2Cl4)		1	
CFC-211 (C3FCl7)		1	
CFC-212 (C3F2Cl6)		1	
CFC-213 (C3F3Cl5)		1	
CFC-214 (C3F4Cl4)		1	
CFC-215 (C3F5Cl3)		1	
CFC-216 (C3F6Cl2)		1	
CFC-217 (C3F7Cl)		1	
Anexo B - Grupo 2			
Tetracloreto de carbono (CCl4)	26	0.82	1730
Anexo B - Grupo 3			
Metil clorofórmio (C2H3Cl3)	5	0.16	160
Anexo E			
Brometo de metila (CH3Br)	0.8	0.66	2
Anexo C - Grupo 2			
CHFBr2		1	
HBFC-12B1(CHF2Br)			
CH2FBr		0.73	
C2HFBr4		0.3 0.8	
C2HF2Br3		0.5-1.8	
C2HF3Br2		0.4-1.6	
C2HF4Br		0.7-1.2	
C2H2FBr3		0.1-1.1	
C2H2F2Br2		0.2-1.5	
C2H2F3Br		0.7-1.6	
C2H3FBr2		0.1-1.7	
C2H3F2Br		0.2-1.1	
C2H4FBr		0.07-0.1	
C3HFBr6		0.3-1.5	
C3HF2Br5		0.2-1.9	
C3HF3Br4		0.3-1.8	
C3HF4Br3		0.5-2.2	
C3HF5Br2		0.9-2.0	
C3HF6Br		0.7-3.3	
C3H2FBr5			
C3H2F2Br4		0.2-2.1	
C3H2F3Br3		0.2-5.6	
C3H2F4Br2		0.3-7.5	
C3H2F5Br		0.9-1.4	

Nome/Fórmula	TV	ODP	GWP-AR5
C3H3FBr4		0.08-1.9	
C3H3F2Br3		0.1-3.1	
C3H3F3Br2		0.1-2.5	
C3H3F4Br		0.3-4.4	
C3H4FBr3		0.03-0.3	
C3H4F2Br2		0.1-1.0	
C3H4F3Br		0.07-0.8	
C3H5FBr2		0.04-0.4	
C3H5F2Br		0.07-0.8	
C3H6FBr		0.02-0.7	
Anexo C - Grupo 3			
Clorobromometano (CH2BrCl)	0.37	0.12	
Anexo C - Grupo 1			
HCFC-21 (CHFCl2)	1.7		148
HCFC-22 (CHF2Cl)	11.9	0.04	1760
HCFC-31 (CH2FCl)			
HCFC-121 (C2HFCl4)			
HCFC-122 (C2HF2Cl3)			59
HCFC-123 (C2HF3Cl2)	1.3	0.01	79
HCFC-124 (C2HF4Cl)	5.9		
HCFC-131 (C2H2FCl3)			
HCFC-132b (C2H2F2Cl2)			
HCFC-133a (C2H2F3Cl)			
HCFC-141b (C2H3FCl2)	9.2	0.12	782
HCFC-142b (C2H3F2Cl)	17.2	0.06	1980
HCFC-221 (C3HFCl6)			
HCFC-222 (C3HF2Cl5)			
HCFC-223 (C3HF3Cl4)			
HCFC-224 (C3HF4Cl3)			
HCFC-225ca (C3HF5Cl2)	1.9	0.02	127
HCFC-225cb (C3HF5Cl2)	5.9	0.03	525
HCFC-226 (C3HF6Cl)			
HCFC-231 (C3H2FCl5)			
HCFC-232 (C3H2F2Cl4)			
HCFC-233 (C3H2F3Cl3)			
HCFC-234 (C3H2F4Cl2)			
HCFC-235 (C3H2F5Cl)			
HCFC-241 (C3H3FCl4)			
HCFC-242 (C3H3F2Cl3)			
HCFC-243 (C3H3F3Cl2)			
HCFC-244 (C3H3F4Cl)			
HCFC-251 (C3H4FCl3)			
HCFC-252 (C3H4F2Cl2)			
HCFC-253 (C3H4F3Cl)			
HCFC-261 (C3H5FCl2)			
HCFC-262 (C3H5F2Cl)			
HCFC-271 (C3H6FCl)			

TV = Tempo de vida, em anos

PDO = Potencial de Destruição do Ozônio (**ou ODP** = Ozone-Depleting Potential). Definido pelo Protocolo de Montreal e atualizado em 2010 (WMO, 2011)

GWP = Potencial de Aquecimento Global (Global Warming Potential) ao longo de 100 anos relativamente ao CO_2, definido como 1. Dados do (IPCC, 2013).

AR5 = Assessment Report 5

Figura13- Figura- Consumo de gases com PDO (Potencial de Destruição da Camada de Ozônio) no mundo (PNUMA, 2020b).

A redução na produção e consumo de gases do tipo CFC (clorofluorcarbono) fez com que o teor de CFC11 na atmosfera, depois de atingir o valor máximo de 272 ppt em 1993, começasse a diminuir desde então, situando-se em torno de

230 ppt. (partes por trilhão) em 2019, conforme mostrado na Figura 14.

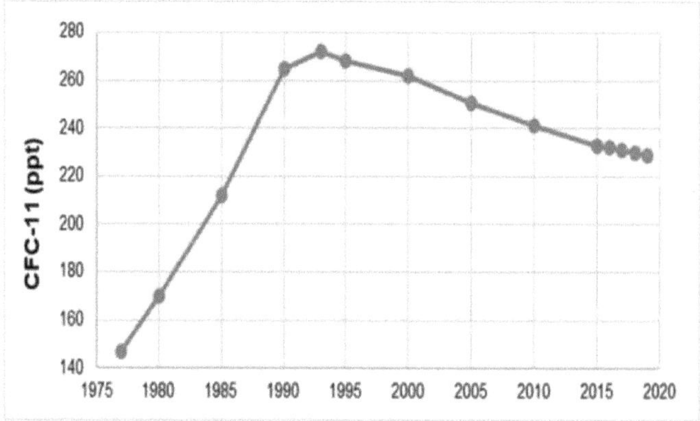

Figura14 - Conteúdo médio global de CFC-11 em janeiro de cada ano (NOAA, 2020).

O mesmo ocorreu com o CFC-12, que atingiu valor máximo na atmosfera de 545 ppt em 2000, e teve redução contínua desde então, convergindo para 500 ppt em 2020, como pode ser observado na Figura 15.

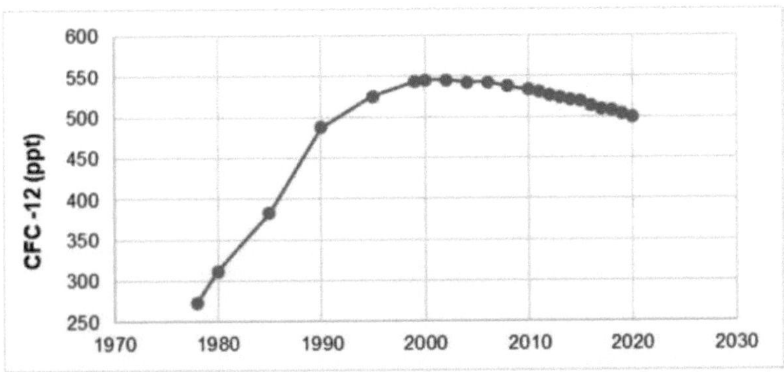

Figura 15 -Figura- Conteúdo médio global de CFC-12 em janeiro de cada ano (NOAA, 2020).

Oxidação Fotoquímica

Uma reação fotoquímica significa qualquer reação química causada pela absorção de radiação ultravioleta, visível ou infravermelha.

O termo fotodegradação é definido pela IUPAC (Glossário de termos usados em Fotoquímica, Recomendações, 1996), como a transformação química de uma molécula em frações de menor peso molecular, geralmente através de um processo de oxidação; O conceito de fotodegradação está associado aos processos de oxidação pela radiação UV utilizada para destruir poluentes orgânicos (Guise, 2003).

A oxidação fotoquímica, ou fotooxidação, pode ocorrer através dos seguintes processos: perda de um ou mais elétrons de uma espécie química como resultado de sua fotoexcitação; e, reação de uma substância com o oxigênio, sob a influência da radiação. Se o oxigênio permanecer no produto, esse processo também pode ser chamado de foto-oxigenação. As reações nas quais nem a substância nem o oxigênio são levados a níveis eletrônicos excitados são chamadas de reações de oxidação fotoiniciadas.

O processo fotoquímico pode ser dividido nas seguintes etapas: •Absorção de radiação: interação entre um fóton ou quanta de energia e uma espécie atômico/molecular levando à ocorrência de estados eletrônicos excitados;

•Reação fotoquímica primária: após a absorção da radiação, estados eletrônicos excitados como singleto (S1) e tripleto (T1) estão envolvidos. É considerado independente da temperatura;

•Reação fotoquímica secundária (Reações Escuras) - ocorrem a partir de intermediários ou produtos de reações primárias - radicais livres, radicais aniônicos ou catiônicos, íons ou elétrons.

Acidificação

A categoria de impacto da acidificação aborda os impactos relacionados com processos que aumentam a acidez dos sistemas de água e solo através da concentração de iões de hidrogénio. A acidificação é causada pela emissão atmosférica e deposição de substâncias químicas acidificantes. As principais substâncias que contribuem para a acidificação provêm das emissões de óxidos de azoto (NOx), dióxido de enxofre (SO2) e amoníaco (NH3) (CE-JRC, 2010b).

O desenvolvimento de espécies não adaptadas a estas condições fica comprometido, alterando o equilíbrio dos ecossistemas. Os Potenciais de Acidificação (PA) das emissões atmosféricas, considerados para esta categoria, foram calculados por Huijbregts (1999b) com o modelo adaptado RAINS 10 e alguns deles são apresentados na Tabela 5, sendo expressos em kg de equivalente de SO2 por kg de gás emitido.

Quadro 5 -Potencial de acidificação (Huijbregts , 1999).

Parâmetro	Potencial de acidificação (kg SO_2-eq.)
NH_3	1,6
NO_x, incluindo NO_2	0,5
SO_2	1,2

A Figura 16 mostra a relação entre os modelos de caracterização da categoria de impacto de acidificação e seus respectivos métodos de AICV.

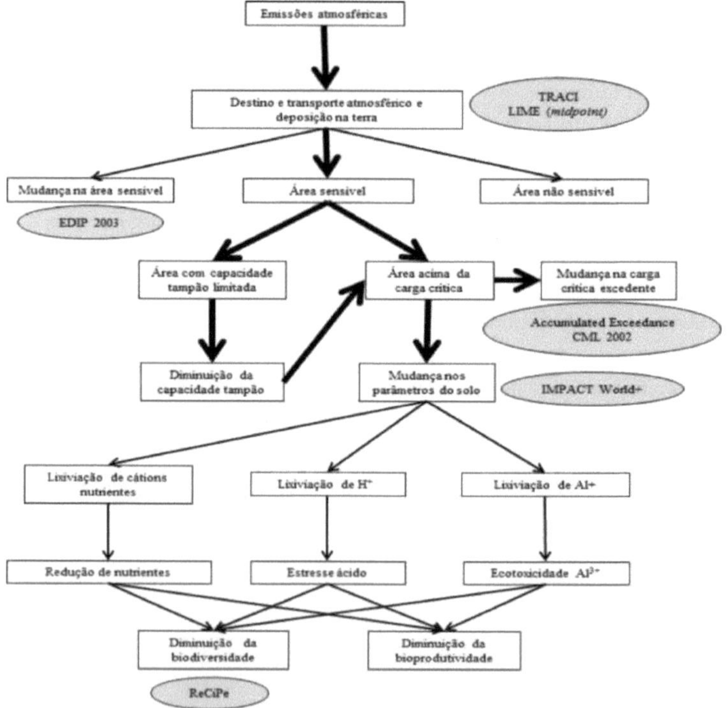

Figura 16 – Diagrama de figuras para categoria de impacto de acidificação (Adaptado

de CE-JRC, 2011)

Eutrofização
A eutrofização ou eutrofização (do grego eutrophos , "bem nutrido") ocorre quando um corpo de água recebe grande quantidade de efluentes com matéria orgânica enriquecido com matéria commineraisIsso são nutrientes que induzem o crescimento excessivo de algas isaquático plantas (Chislock et al., 2013. Esse processo é muitas vezes induzido pelo despejo de resíduos líquidos de atividades de origem humana, principalmente domésticas e industriais, resultando no lançamento de detergentes contendo nitrato ou fosfato , fertilizantes ou esgoto em um sistema aquático (Dezotti Marcia, 2008). Isso processo pode resultar na exaustão do oxigênio do corpo d'água após a infecção bacteriana degradação de algas (Schindler et al., 2004).

No entanto, a acção humana tem geralmente como consequência intensificar e acelerar consideravelmente este processo através de um enriquecimento anormal da água em elementos nutritivos, dos quais o fósforo e o azoto são os mais importantes. Os potenciais de eutrofização baseiam-se nos procedimentos estequiométricos descritos por Heijungs et al. (1992) e expresso em kg de equivalente de fosfato (PO4 3-) por kg de poluente emitido. Alguns dos potenciais de eutrofização, bem como os parâmetros considerados nesta categoria de impacto, que incluem emissões para a atmosfera e para a água, são apresentados na Tabela 6.

Quadro6 - Potencial de eutrofização (Heijungs et al., 1992).

	Substância	Potencial de eutrofização (kg PO_4^{3-}-eq.)
Emissões para a atmosfera	NH_3	0,35
	NO_x, incluindo NO_2	0,13
	PO_4^{3-}	1
Emissões para a água	CQO	0,022
	N_{total}	0,42
	NO_3^-	0,1
	NH_4^+	0,33
	P	3,06
	PO_4^{3-}	1

3.15 Energia e Desenvolvimento
Ao longo da história, com a evolução das civilizações, a procura de energia tem aumentado continuamente. É um agente proactivo que facilita o aumento do nível de vida e as mudanças nas condições sociais que se acredita influenciarem a taxa de fertilidade. Acredita-se que a disponibilidade de combustíveis baratos e de fácil manuseio, que exigem o uso de todas as fontes de energia, será importante para possibilitar o desenvolvimento global, fazendo a transição para uma população estável e com um padrão de vida digno (Carvalho, 2010) .

Atualmente, a maior parte da energia consumida no mundo provém de fontes não renováveis (carvão, petróleo, gás natural e principalmente petróleo), como pode ser visto na Figura 17, matriz energética global, que poderá se esgotar rapidamente se seu uso não for racionalizado (Saxena et al., 2007). As fontes renováveis no mundo totalizam aproximadamente 14%, com a energia hidráulica e de biomassa representando 11,9%.

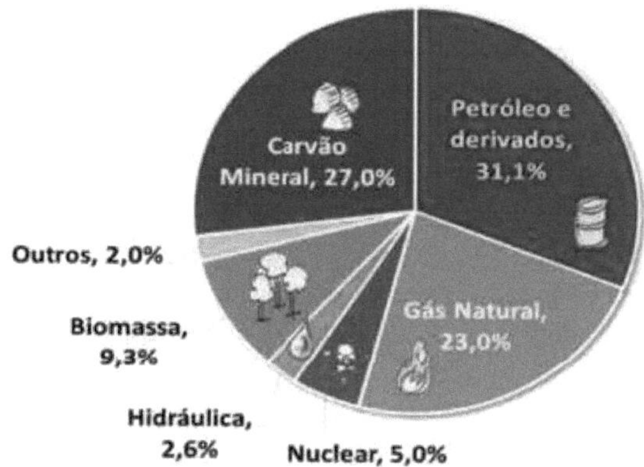

Figura17 -Figura Sede EnergiaCopa Mundial 2019(IEA, 2020)

As fontes renováveis de energia no Brasil (lenha, carvão vegetal, hidráulica, derivados de cana-de-açúcar e outros) totalizam 48,3%, quase metade da matriz energética (Figura 18).

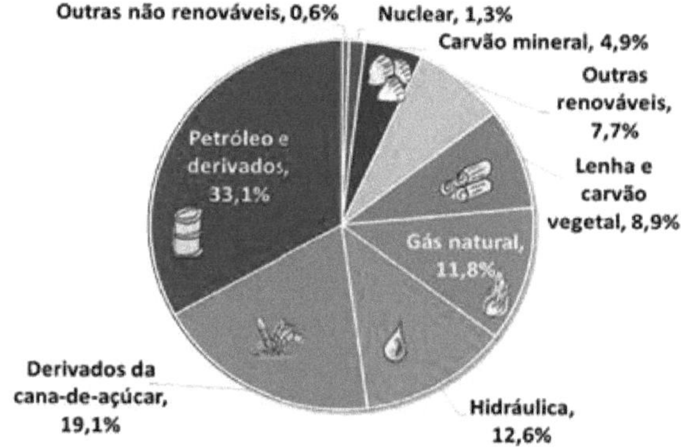

Figura 18 -Matriz Energética Brasil 2020 (BEN, 2021)

3.15.1 Óleo de palma como fonte de energia renovável

Segundo Knothe & Razon (2017), em relação à energia proveniente de biocombustíveis, afirmam que "a maioria dos cenários desenvolvidos pelos economistas baseia-se no crescimento regular da procura de energia ao longo dos próximos 20 anos, nos quais a energia nuclear e renovável permanecerá marginal em comparação aos combustíveis fósseis, dos 19% atuais, para 25% em 2040, concentrados nos setores de transportes e petroquímico".

Uma das fontes renováveis de energia mais importantes é o óleo de palma . O óleo de palma é principalmente um coletor de energia solar que produz petróleo (carbono, hidrogênio e oxigênio). A maior parte dos demais elementos (fibras do caroço e coque) são queimados para fornecer a energia necessária ao processamento, e as cinzas, ricas em potássio, são utilizadas como fertilizante.

Em termos de rendimento por unidade de superfície cultivada, o óleo de palma produz entre 4 e 6 toneladas de óleo de palma/ano/ha, o que em comparação com outros óleos é bastante significativo, como pode ser visto na Figura 19. Também permite uma produção de 0,8/1,2. tonelada de óleo de dendê/ano/ha (Embrapa , 2010).

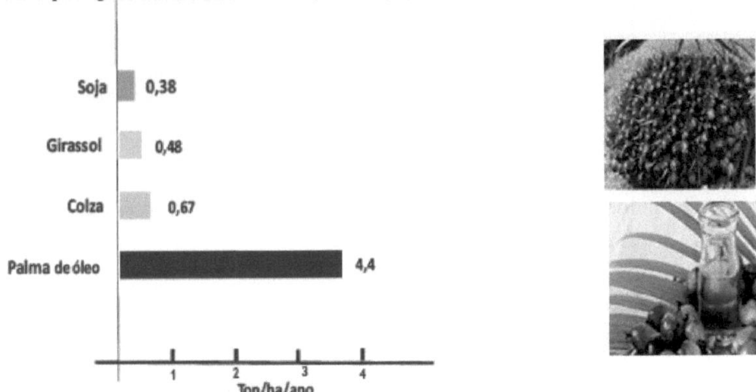

Figura 19 - Produtividade de óleos vegetais, adaptado de IRHO em Socfinco (1976)

O óleo de palma é composto por 2 óleos:

Óleo de palma – também conhecido como óleo de palma, que é extraído da parte externa do fruto, ou seja, da polpa (mesocarpo) e representa em média 22 a 24% do peso dos cachos. Produções de até 6 (seis) toneladas de óleo/ha/ano são obtidas em excelentes condições de clima e solo (Silva, 2005).

Óleo de palmiste - extraído do caroço da palma, semelhante ao óleo de coco ou de babaçu, é normalmente utilizado na indústria de cosméticos e sabonetes finos. A produção desse óleo é de 0,4 a 0,6 toneladas de óleo/ha/ano de plantio de dendê (Silva, 2005).

Figura20 - OPóleo de palma (avermelhado); Óleo de palmiste (amarelado) (Denpasa , 2021)

A produção de óleo de palma resulta da associação de quatro grandes sectores de actividade: o sector agrícola, o sector industrial e o sector das infra-estruturas. São coordenados e dirigidos pela "gestão" de uma agroindústria, em ambiente tropical. Cada um desses setores tem características e necessidades próprias.

3.15.2 Biodiesel de óleo de palma

O aspecto científico comprova que o óleo de palma pode ser um substituto do diesel. O óleo de palma é composto por 41% (C15H31 - CO2)3 C3H5, 47% (C17 - H33- CO2)3 C3 H5), 11% de oxigênio (o gasóleo não contém oxigênio) (ANP , 2008). Após o deslocamento das moléculas, a recombinação do oxigênio com o hidrogênio e o carbono absorverá energia. O valor calórico do óleo de palma gira em torno de 9.530 Kcal/Kg, contra 10.900 Kcal para o gasóleo e 6.000 Kcal para o álcool etílico (Costa Neto, 2000). Na Tabela 7 podem ser observadas as diferenças entre diversas características dos biocombustíveis e do diesel.

Considerando as diferenças de densidade, pode-se estimar que a perda de potência (ou consumo adicional de P/Km) será de 10% entre o óleo de palma e o gasóleo. Isso significa que para produzir 9.530.000 Kcal (39,9 GJ) em motores diesel são necessários 1.000 kg de biodiesel (Costa Neto.2000).

Quadro7 - Diferenças Comparativas entre óleo de palma e diesel (ANP, 2010; Alptekin, 2008)

	Biocombustíveis						Diesel
	Dendê	Girassol	Soja	Milho	Canola	Algodão	Shell
Densidade (g/cm3)	0,8746	0,8840	0,8845	0,8840	0,8828	0,8836	0,8424
Viscosidade (mm2/s)	4,2802	4,0303	3,9713	4,1769	4,3401	4,0568	3,4301
Ponto de fusão (°C)	12	-1	0	-1	-8	6	-6
Índice cetano	62,6	60,9	60,1	60,9	61,5	60,3	57,8
Número ácido (mg KOH/g)	0,13	0,14	0,16	0,17	0,16	0,09	-
Temperatura de ignição (°C)	100	157	139	192	107	149	58

Para se tornar compatível com os motores diesel atuais, o óleo vegetal precisa passar por diversos processos: pirólise, microemulsões, esterificação e transesterificação (Ma E Hanna, 1999).

• A pirólise (craqueamento térmico) envolve aquecimento com ou sem uso de catalisadores, na ausência de ar. Parafinas, olefinas e ácidos carboxílicos, além dos ésteres, são os principais produtos da decomposição dos triglicerídeos. Poderia ser uma alternativa para áreas com baixa produção de petróleo.

• As emulsões mico são misturas diretas de óleos vegetais com álcoois de cadeia curta (até 4 átomos de carbono). Essas misturas, apesar de possuírem viscosidade muito inferior à do óleo vegetal, apresentam a desvantagem da combustão incompleta, além da formação de depósitos de coque.

• A esterificação é a reação entre um ácido carboxílico e um álcool, tendo o éster como produto principal e a água como subproduto. É realizado com catalisadores ácidos, como ácido sulfúrico e ácido nióbico.

Na técnica de esterificação para produção de biodiesel desenvolvida por (Aranda & Antunes, 2003/2004), a matéria-prima utilizada é o resíduo da extração do óleo de palma, ao contrário da transesterificação, que não utiliza resíduo. A empresa Agropalma utilizou este processo em escala industrial, através de licenciamento de patentes (Aranda & Antunes, 2003). Além de ser a primeira fábrica brasileira de biodiesel, foi a primeira fábrica do mundo a utilizar um catalisador heterogêneo. O catalisador utilizado nesta planta é à base de nióbio (Carvalho. 2016).

3.15.3 Biogás de óleo de palma

Dentre os resíduos gerados durante a extração do óleo de palma, destaca-se o efluente líquido denominado POME (Efluente da Usina de Óleo de Palma) (Figura 21) caracterizado como poluente devido à sua elevada carga orgânica, causando inúmeros impactos ambientais quando descartado sem tratamento adequado (JuniorJF et al.,2019). Esses autores avaliaram a produção de biogás a partir de POME, utilizando o processo de digestão anaeróbia e os resultados mostraram que a produção de biogás foi satisfatória, com concentração de metano superior a 50%.

Figura21 -Produção de biogás a partir de efluente líquido da extração de óleo de palma (POME) (JuniorJozomar Ferreira et al.,2020)

Capítulo 4

Metodologia 4.1 Caracterização da área de estudo

Localização

A atual propriedade rural possui área aproximada de 2.000 ha, localizada no Município de Moju e às margens do Rio Moju (Figura 22). O terreno da fazenda apresenta-se em forma de planalto, localizado a poucos metros do nível do mar, circundado por uma rede hidrográfica que flui em direção ao Rio Moju -PA.

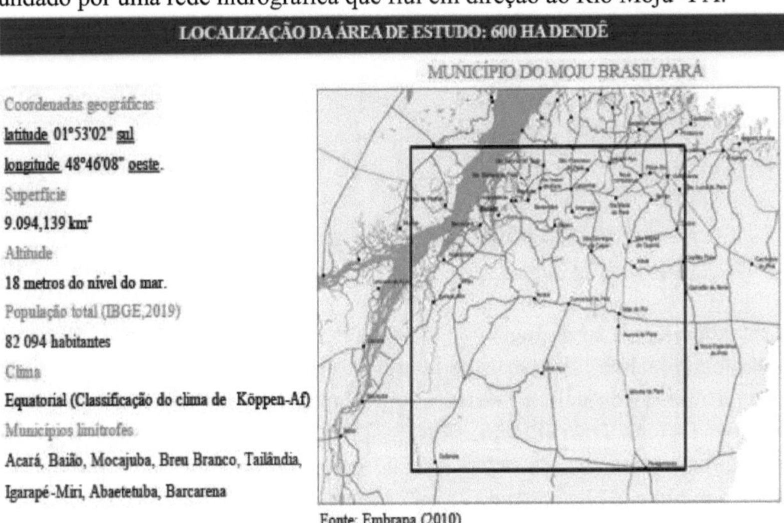

Figura22 – Local do estudo

Clima

Segundo Koppen (2013), o clima da área pertence ao grupo A, tipo climático AF ou AM (Figura 23), caracterizado como clima de floresta tropical, constantemente úmido.

Figura 23 - Classificação climática Koppen-Geiger

Os dados de precipitação na região onde o projeto estará localizado são idênticos aos da plantação agropalma , com mais de 50 mil ha plantados com sucesso. A região não apresenta problemas de déficit hídrico e a precipitação média anual ultrapassa 2.000 mm de chuva (AT. SUDAM/PHCA, 1984).

A temperatura média anual da região é de 27 graus, sendo a máxima média anual de 31 graus e a mínima média anual de 25 ou 22 graus (AT. SUDAM/PHCAJ984).

A insolação média anual da região é de - 2.300 horas de sol e proporciona excelentes condições fotossintéticas para maturação dos cachos e teor de óleo (AT. SUDAM/PHCA, 1964).

A umidade relativa média anual é de 87%, acompanhando a distribuição das chuvas ao longo do ano (AT. SUDAM/PHCA, 1984).

Solos

A formação de solos na área do projeto é classificada como latossolos álicos amarelos , que se caracterizam por possuir um latossolo com horizonte B, que apresenta grau avançado de intemperismo, sendo normalmente composto por óxidos hidratados de ferro e alumínio, apresentando argila do grupo tipo caulinita. A capacidade de troca catiônica é tão baixa quanto a saturação por bases. São solos geralmente bem drenados, bastante ácidos, apresentando uma sequência de horizontes A, B e C, atingindo profundidades em torno de 200 cm, com textura argilosa. Segundo a Embrapa (2010), são definidos como:

■ Tipo de solo - Latossolo amarelo , textura média, argiloso com concreções lateríticas em pequenas faixas localizadas (aproveitáveis para pavimentação de estradas).

■ Físico - O percentual de argila, 15 a 35% até um metro de profundidade. A capacidade de retenção de água é satisfatória e a textura é adequada para óleo de palma. Estrutura porosa, friável e não plástica. Excelente drenagem, solos profundos.

■ Químico - Quimicamente são solos pobres, os teores de fósforo são baixos, possuem valor de saturação muito baixo, número de cátions pré-mutáveis, com teores baixos e pH ácido. Esta pobreza deve-se, ao mesmo tempo, a níveis muito baixos de microelementos.

■ Do ponto de vista agronômico, apresentam excelentes qualidades físicas e são pobres quimicamente.

Topografia

O relevo da área do projeto é plano e levemente ondulado, é cortado por uma rede hidrográfica bem distribuída, combinando os resultados da pedologia, hidromorfia e vegetação, atingindo um prazo ecologicamente aceitável e conseguindo minimizar os custos de infraestrutura . (AT.SUDAM/PHCA, 1984) .

4.2 Caracterização do Projeto

Com a implementação do projecto pretende-se preservar o ambiente, não afectando o sistema ecológico da região, mas pelo contrário, associando-os, contribuindo para o progresso no equilíbrio produtivo. O projecto permitirá a integração do homem no seu habitat, melhorando o seu nível económico e qualidade de vida, ancorando-o à terra e evitando o congestionamento e o êxodo da mão-de-obra rural nos grandes centros, onde surgem e aumentam os problemas socioeconómicos, que se tornam insolúveis de imediato. , com tendências crescentes, devido à falta de estrutura nas áreas rurais.

Os recursos humanos necessários às atividades agrícolas e técnicas serão utilizados em todo o Estado do Pará, principalmente na Região do Projeto, sendo de alta prioridade as fases de capacitação e capacitação da mão de obra.

A utilização de oleaginosas, como fonte de riqueza e recuperação de áreas degradadas, coloca este projecto como alta prioridade.

A utilização de culturas perenes como fonte de preservação ambiental insere este projeto no Programa Federal Pró Petróleo;

A contribuição para o equilíbrio da balança de pagamentos, com produtos feitos a partir do óleo de palma com uma procura em torno de 100% ao ano, dá-nos toda a segurança e tranquilidade que o mercado está garantido, cumprindo todas as normas e práticas técnicas necessárias para plantio bem-sucedido.

A participação do Basa Banco Da Amazônia S/A na implantação do projeto (infraestrutura de plantio, máquinas, equipamentos, veículos, etc.) será de 90% do investimento global (ver cronograma Financeiro Físico).

A técnica a desenvolver será a mais adequada a esta cultura, pelo proponente e responsável pelo projecto que seja especialista em óleo de palma, com apoio económico e tecnológico, capaz de desenvolver um projeto agrícola baseado no cultivo de óleo de palma no região proposta, o que não representará um risco econômico, tão pouco técnico e ecológico, como demonstram projetos similares na região, que nos fazem acreditar no sucesso deste empreendimento.

O aglomerado de óleo de palma será vendido na região para empresas extrativistas, que ficam a aproximadamente 30 km de distância da área a ser plantada (Agropalma ,

Biopalma , etc.).

4.2.1 Planta de Cobertura

O dendê é sempre plantado junto com uma leguminosa como planta de cobertura, a KudzuTropical (pueraria), por motivos inegáveis, como: controle antierosivo; elementos úteis para a planta cultivada; controle de pragas, etc.). O cultivo consorciado com leguminosas é recomendado para combater ervas daninhas, reduzir a compactação e erosão do solo e melhorar a fixação de nitrogênio (IRHO/ Socfinco SA, 1976) mostrado na Figura 24.

Controle antierosivo - A intensidade da erosão depende, em primeiro lugar, da importância da cobertura vegetal completa (quebra a energia cinética das gotas de chuva). Uma plantação de dendê com boa cobertura (leguminosas) garante uma proteção muito eficaz.

Enriquecimento do solo - O enriquecimento do solo, pela cultura de cobertura, ocorre tanto a nível estrutural (melhor permeabilidade, melhor porosidade, especialmente em profundidade), como a nível químico (aumentando o teor de carbono orgânico, e uma absorção elevada de azoto) .

puerária bem estabelecida é um meio eficaz de combate às pragas. (IRHO/SOCFINCO SA, 1976).

Figura 24 - Cultura de cobertura tropical Kudzu (adaptado de Socfinco SA)

4.2.2 Material Vegetal

Nas especificações técnicas das características da região do projeto e, tendo em conta a correlação solo-climatológica, a escolha dos melhores híbridos produtivos e a fertilização racional, principalmente em fósforo, é assegurada a viabilidade técnica e económica do projeto com uma estimativa produção de 25 toneladas de cachos por ha/ano e, com uma taxa de extração de 22%, teremos uma produção de óleo de palma de 5,3 toneladas/ha/ano.

No município do projeto em questão (região de Moju) foram plantadas variedades com o material E.oleifera presente na variedade Compacta, como Compacta x Gana, Compacta x Nigéria, Deli x Compacta, além da variedade Deli x LaMe , que apresentou um histórico de bom desempenho na região (SIPAM, 2010), como pode ser observado na Figura 25.

A escolha do material de plantio correto (variedade, tamanho e altura das mudas, de fontes confiáveis) e a utilização do desenho correto da parcela (padrões e densidade das árvores) afetam o rendimento potencial do plantio futuro e requerem conhecimento prévio (Innocenti e Oosterveer , 2020).

Os períodos de plantio poderão ser prorrogados até abril/maio, caso ocorra algum imprevisto técnico ou econômico.

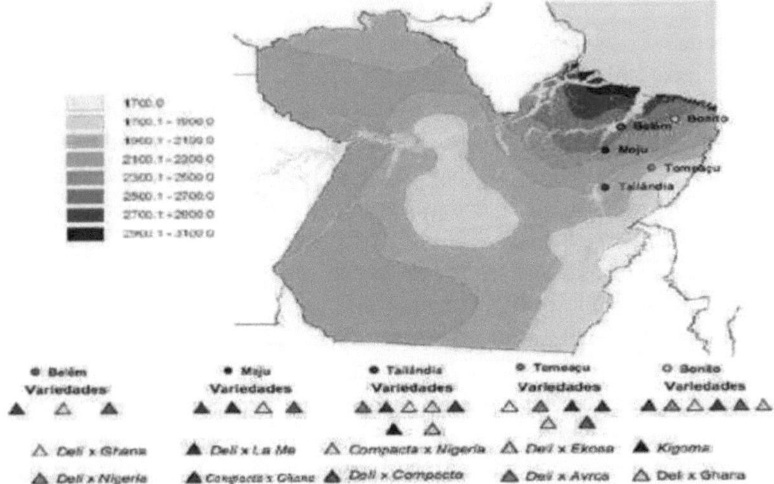

Figura25 - Mapa climático com os principais centros produtores de palma e respectivas variedades indicadas em cada região (SIPAM, 2010)

Segundo Becker (2010), a produção de dendê está relacionada à sua idade, aumentando até os primeiros 8 anos, quando se estabiliza e inicia um declínio gradual. Este mesmo autor afirma que a colheita deve ser feita imediatamente após a maturação, pois inicia-se a liberação de ácidos graxos, o que geralmente compromete a qualidade do óleo (MULLER, 1980).

4.3 Avaliação económico/financeira

Os métodos mais utilizados para avaliar investimentos são divididos em dois grupos: aqueles relacionados à rentabilidade, composto pelo valor presente líquido [VPL], pelo índice custo-benefício e pelo retorno adicional sobre o investimento [ROI]; O outro grupo é formado pela taxa interna de retorno [TIR] e pelo payback (período de recuperação do investimento). Casarotto Filho (2000), descreve que "na elaboração de uma análise econômico-financeira são considerados apenas os fatores conversíveis em dinheiro".

Os indicadores utilizados neste trabalho foram o Valor Presente Líquido [VPL], a

Taxa Interna de Retorno [TIR] e o Retorno Adicional do Investimento [ROI].

4.3.1 Premissas do projeto

O programa de investimento global possui os seguintes padrões técnicos:

a) Setor Agrícola (investimentos fixos): I- preparação de terras (ano 1) 2022; II- ano de plantio (ano 2) 2023; III- custos de implementação (anos 3 e 4) 2024 e 2025;

b) Infraestrutura (inversões fixas): I- pistas (incluindo preparação de área) e edifícios e instalações auxiliares (ano 1) 2022;

c) Máquinas, veículos e equipamentos (investimentos fixos): (ano 1) 2022;

d) Outros (investimentos financeiros) I- elaboração de projetos e assistência técnica (ano 1) 2022; II- móveis e utensílios.

Na implantação do projeto deverão ser considerados os custos de mão de obra, material, horas de operação dos tratores e implementos: colheita e transporte necessários à execução do projeto.

Colheita – Dependendo do tamanho da árvore, serão utilizados sucessivamente diferentes tipos de facões utilizados na Malásia, ou seja, o serviço é realizado por uma equipe de "cortadores" – transportadores. A obra é realizada durante 270 dias/ano.

Transporte - O homem não realizará transporte nas parcelas, que será feito por burros.

4.4 Aspectos Técnicos e Sociais

Insumos - Estão codificados os valores dos insumos, a saber: fertilizantes;defensivos ; semente de palma; combustível; e outros. Todos os valores são retirados via internet de diversas fontes em empresas do setor a preços de fevereiro de 2021.

Mão de Obra Especializada - o projeto contará com uma equipe qualificada para desenvolver financeira e tecnicamente as operações inerentes à cultura, que está codificada em dois custos: Custos fixos (gerente, mecânico, operadores, motorista, auxiliar, superintendente, agrônomo, agrimensor, técnico agrícola , motorista de trator/rodoeiro, capataz e pessoal administrativo); e, as Variáveis (manutenção e colheita). O custo efetivo anual do pessoal de produção é calculado com base no custo anual, em função das toneladas processadas nas seguintes bases: número de horas trabalhadas por jornada de 8 horas durante um ano (8 x 300 = 2.400 h).

Máquinas e equipamentos - o projeto prevê aquisição de tratores de 2 rodas (125CV) R$ 340.000,00 (27,82%) + implementos e equipamentos, no valor de R$ 322.038,00 (26,35%), totalizando R$ 662.038,00 e veículos R$ 560.200,00 (45,83%) , num total global de R$ 1.222.238,00.

Infraestrutura - o custo das edificações (que incluem residências para funcionários) está estimado no valor total de R$ 2.994.366.838, sendo 10% proveniente de recursos próprios (R$ 299.436.684) e 90% (R$ 2.694.930.154) de recursos de terceiros (Banco Amazônia -FNO). Os edifícios são utilizados como armazém agrícola, estacionamento coberto, escritório, casa de força, centro meteorológico, cantina, armazém para compras de bens de primeira necessidade, enfermaria, escola e outros.

4.5 Avaliação do Ciclo de Vida

O método ACV consiste em quatro componentes principais (ISO, 2006): Objetivo e Escopo, Inventário de Ciclo de Vida (ICV), Avaliação de Impacto do Ciclo de Vida

(ACV) e Interpretação, conforme representado na Figura 26.

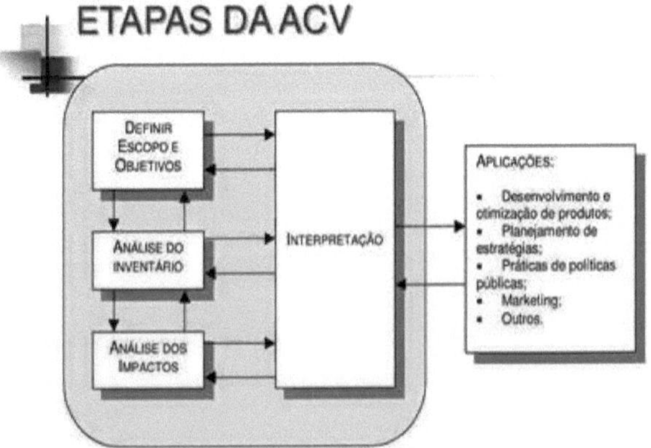

Figura 26 - Fases da ACV (ISO, 2006)

4.5.1 Finalidade e escopo

O objetivo de um estudo de ACV deve indicar de forma inequívoca a aplicação prevista, as razões para a realização do estudo e o público-alvo, ou seja, a quem serão comunicados os resultados do estudo. Na definição do escopo devem ser considerados e claramente descritos os seguintes itens: as funções do sistema do produto ou, no caso de estudos comparativos, dos sistemas; a unidade funcional; o sistema de produto a ser estudado; os limites do sistema de produtos; procedimentos de atribuição; as categorias de impacto e as metodologias de análise de impacto e posterior interpretação a utilizar; requisitos de dados; suposição; limitações; requisitos iniciais de qualidade dos dados ;

tipo de revisão crítica, se necessário; tipo e formato do relatório exigido para o estudo. A Figura 27 é um exemplo de limites do sistema para produção de biodiesel de palma.

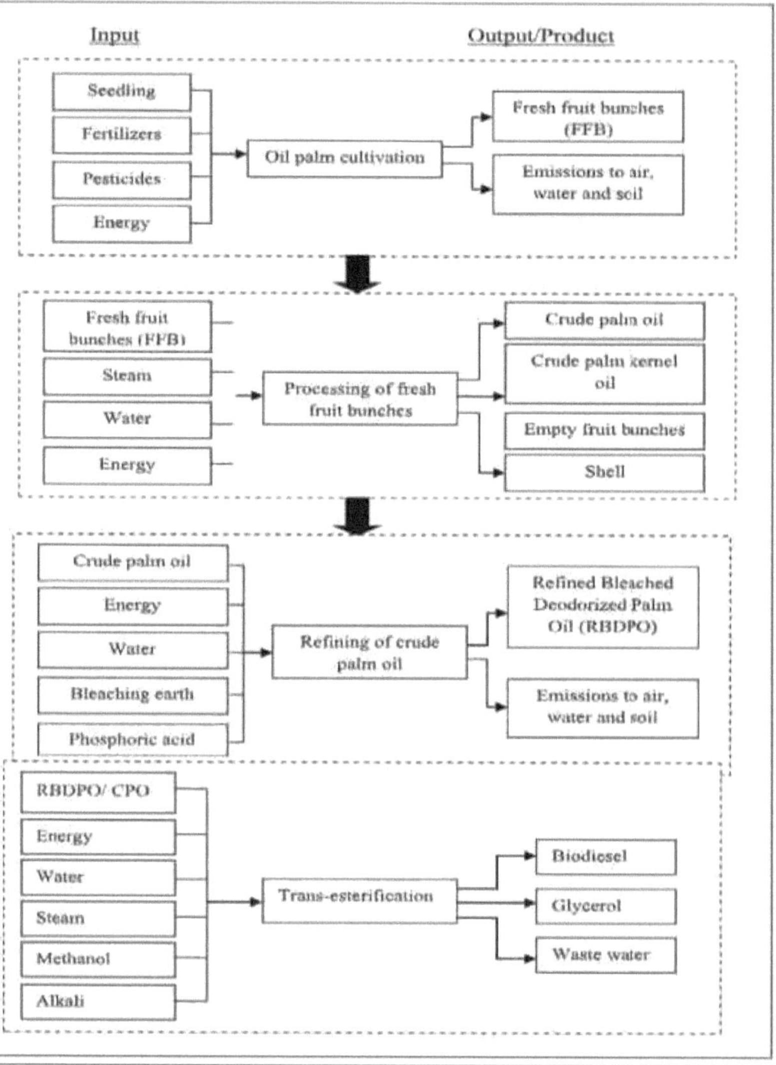

Figura 27 - Limites do sistema para produção de biodiesel de palma (adaptado de Norfaradila , J, et al., 2014)

4.5.2 Análise do Inventário do Ciclo de Vida (LCI)

A análise de inventário é a fase em que as entradas e saídas de e para o ambiente do sistema de produto investigado são identificadas e quantificadas. Seu resultado essencial é frequentemente chamado de "tabela de inventário" (ISO, 2006). A análise do inventário é processada através das seguintes fases: construção da árvore de processos; definição dos limites do sistema (do produto com o ambiente e do produto com outros sistemas de produtos); finalização dos limites do sistema; coleção de dados; procedimentos de cálculo (procedimentos de alocação e procedimentos de construção de tabelas de inventário).

4.5.3 Análise de Impacto do Ciclo de Vida (LCIA)

A Análise de Impacto do Ciclo de Vida (LCIA) é definida como um processo técnico, quantitativo e/ou qualitativo, para caracterizar e avaliar os efeitos das cargas ambientais identificadas no componente de inventário. Os impactos são definidos como as consequências causadas pelos fluxos de entrada e saída de um sistema na saúde humana, nas plantas e nos animais, ou na disponibilidade futura de recursos naturais.

Os procedimentos LCIA podem ser distinguidos entre procedimentos "multifásicos" (método CML) ou procedimentos "monofásicos" (método ReCiPe).

Método LMC

O método CML 2002 ou "Manual Holandês sobre ACV" é descrito em um manual publicado em 2002 que apresenta diretrizes operacionais para a realização de um estudo passo a passo de ACV, baseado em padrões ISO (Gurnee, 2002). A versão revisada deste método é intitulada "Handbook on Life Cycle Assessment: Operational Guide to the ISO Standards".

Este método é baseado em uma abordagem de ponto médio e seus modelos de caracterização foram selecionados através de uma extensa revisão de metodologias existentes no mundo. O manual fornece fatores de caracterização para mais de 1.500 resultados diferentes de ICV, que podem ser encontrados em http://www.leidenuniv.nl/cml/ssp/projects/lca2/index . HTML.

Conforme mostrado na Figura 28, este método aborda as seguintes categorias de impacto: esgotamento de recursos abióticos, uso da terra, mudanças climáticas, destruição da camada de ozônio estratosférico, toxicidade humana, ecotoxicidade aquática de água doce, ecotoxicidade aquática marinha, ecotoxicidade terrestre, formação de fotooxidantes, acidificação e eutrofização. Algumas categorias de impacto adicionais são abordadas dependendo dos requisitos do estudo. Estes incluem: perda da função de suporte à vida, perda de biodiversidade, ecotoxicidade em água doce (sedimentos), ecotoxicidade marinha (sedimentos), impactos da radiação ionizante, mau cheiro no ar, ruído, calor residual, acidentes, letais, não letais , esgotamento dos recursos bióticos , dessecação e mau cheiro da água (Centro Conjunto de Investigação, 2010; Guiné, 2002).

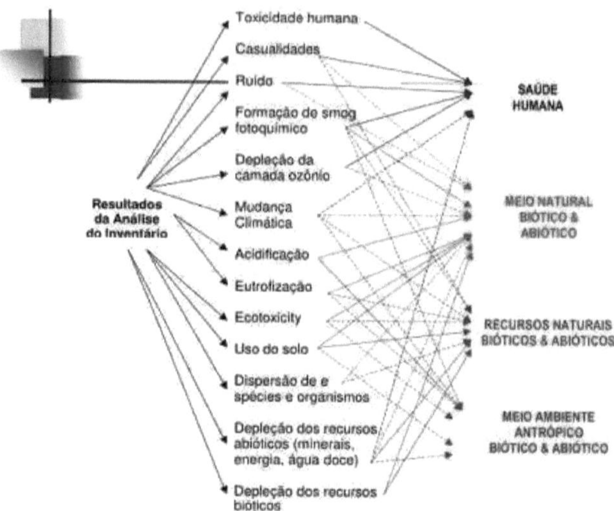

Figura 28 -Categorias de Impacto Causa – Efeito (Gurnee, 2002)

Método ReCiPe

Este método sucede aos métodos Eco-indicador 99 e CMLIA. Foi desenvolvido com o objetivo de integrar a abordagem orientada para o problema (ou análise de causa) do método CMLIA e a abordagem orientada para o dano (ou análise de dano) do método Eco-indicador 99. A primeira abordagem define as categorias de impacto ao nível médio, enquanto a segunda abordagem resulta em apenas três categorias de impacto final (saúde humana, ecossistemas e recursos), facilitando a interpretação dos resultados. A Figura 10 ilustra esta metodologia, que também identifica o alcance de uma única pontuação final. A classificação dos impactos com base na categoria de dano, bem como as respectivas unidades, estão representadas na Tabela 8.

As categorias de impacto abordadas neste método são: alterações climáticas, destruição da camada de ozono, acidificação terrestre, eutrofização aquática (água doce), eutrofização aquática (marinha), toxicidade humana, formação de oxidantes fotoquímicos, formação de partículas, ecotoxicidade terrestre, ecotoxicidade aquática (água doce), ecotoxicidade aquática (marinha), radiação ionizante, uso de terras agrícolas, uso de terras urbanas, transformação natural de terras, esgotamento de recursos fósseis, esgotamento de recursos minerais e esgotamento de recursos de água doce (EC-JRC, 2010a; GOEDKOOP et al., 2009).

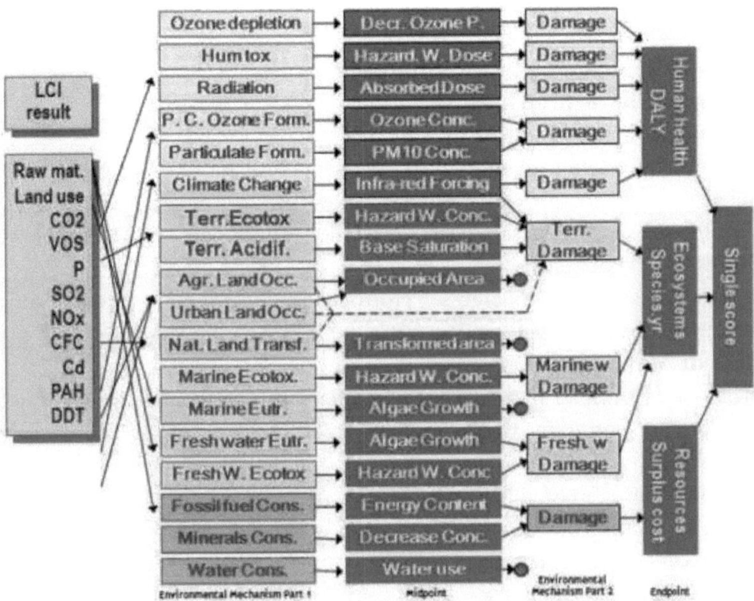

Figura 29 -Método ReCiPe (Goedkoop et al., 2009).

À semelhança do que acontece no método Ecoindicador 99, o método ReCiPe também considera a existência das perspetivas individualista (I), hierárquica (H) e igualitária (E), sendo geralmente utilizada a segunda perspetiva para a escolha dos fatores de ponderação. Quanto à fase de normalização, baseia-se no trabalho de Sleeswijk et al. (2007) (Goedkoop et al., 2009; Sleeswijk et al., 2007).

Quadro8 -Classificação dos impactos com base na categoria de dano (adaptado de Norfaradila , J, et al., 2014)

Damage Category	Unit	Impact Category
Human Health	DALY	Carcinogens, respiratory organic, inorganic respiratory, climate change, radiation, ozone depletion
Ecosystem Quality	PDF m² yr	Eco-toxicity, acidification/ eutrophication, land use
Resource Depletion	MJ surplus	Mineral and fossil fuel

capítulo 5

Resultados e discussões

5.1 Implementação de projeto

Ritmo de plantio

• Consistiu em concluir no ano 1 (2022) (1º ano de plantio) a instalação de 600 ha de Palmares.

• Instalação de viveiros, caso a obra tenha sido realizada no Ano -1 (2021) (compra de sementes).

• Os períodos de plantio poderão ser prorrogados até abril/maio, caso ocorra algum imprevisto técnico ou econômico.

Formação de Mudas

Sementes – a escolha do material vegetal é fundamental e qualquer erro no início nunca poderá ser corrigido, mas a escolha do material por si só não é suficiente, apenas aumenta a possibilidade de obtenção de alta produtividade. As sementes serão pré-aquecidas e custarão R$ 427.680,00 (34,52%).

Pré-Viveiro - as sementes germinadas normais são colocadas em sacos plásticos reunidos em canteiros, sob abrigos, como pode ser observado na Figura 30. O processo de desenvolvimento da planta dura de 3,5 a 4 meses. Os tratos culturais correspondem a: capina; drenagem; irrigação; fertilizantes foliares (NPK+ Mg) e sombreamento até 3 meses com custo de R$ 138.217,09 (11,16%).

Figura30 - Viveiro de palmeiras (acervo do autor)

Viveiros - as mudas selecionadas são provenientes do pré-viveiro, são picadas com a terra em sacos de polietileno contendo solo de boa qualidade, tanto física quanto química, e as plantas se desenvolvem em torno de 8 a 12 meses (Figura 31). Os tratamentos culturais são divididos em: preparo da área; preparação do terreno; enchimento dos sacos (polietileno preto de 15/100 mm ou 20/100 mm de espessura, 40 cm de largura e 40 cm de altura); transplante de mudas; irrigação; combate às gramíneas; fertilizante (fosfato dicálcico ou superfosfato, NPK, sulfato de magnésio, ureia, bórax, tratamentos fitossanitários, seleção, etc.) com custo de R$ 673.077,72

(54,33%).

A formação de mudas custa R$ 1.238.974,81 (100%).

Figura31 - Viveiro de palmeiras (acervo do autor)

Preparação da Área

A preparação da área (Figura 32) consiste em diversas atividades como: limpeza completa do sub-bosque (é aberta uma rede básica, formada por trilhas ortogonais equidistantes, no sentido norte-sul de 1014m e leste-oeste de 1008m, trilhas a cada 252m); drenagem; estradas (faixas de transporte, pistas de colheita); cultura de cobertura (fertilizante fosfatado, NPK-5.30-15, puerária Kudzu Tropical). A preparação da área envolve investimento de R$ 4.291.475,95 (100%) distribuídos com recursos próprios R$ 429.147.595 (10%) e financiamento do Banco da Amazônia-FNO de R$ 3.862.328.357 (90%).

Figura32 - Preparação da área (acervo do autor)

Plantações

Plantação – é na constituição do sistema radicular, no momento da plantação, que se encontra o ponto de partida para o objetivo pretendido – produção máxima durante a vida económica da palmeira, que ronda os 25 anos. A Figura 33 representa uma plantação de dendê. As atividades inerentes ao plantio dividem-se em: execução do plantio (após o período de viveiro (8 a 12 meses); operação preliminar (seleção do viveiro, poda, seccionamento radicular, tratamento fitossanitário).

Figura33 - Plantio de dendezeiro (acervo do autor)

No campo, o dendezeiro é uma planta de crescimento simétrico, que necessita de sol máximo, o que é obtido graças à disposição da plantação em triângulo equilátero (Figura 34), com 143 palmeiras por ha, o que corresponde a uma área de 9m. triângulo. lateralmente, uma distância entre as linhas de 7,8m e 9m de distância entre si nas linhas.

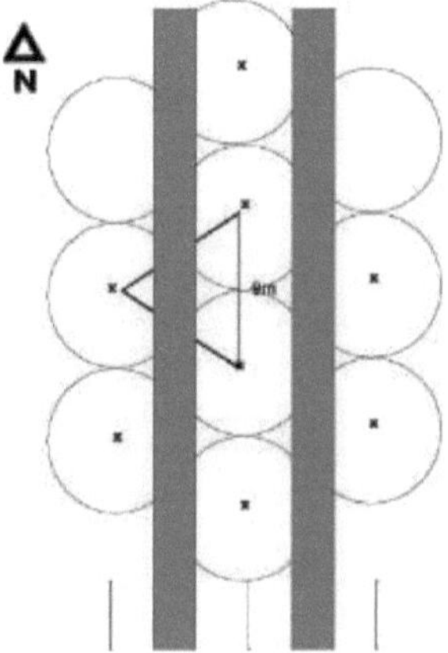

Figura34 - Plantio em triângulo equilátero de dendezeiro

Estaqueamento - o estaqueamento é determinado após as ruas e vielas, escavação de covas, transporte, plantio definitivo (será realizado no início das chuvas - dezembro/janeiro), tratos culturais (adubação com uréia, fosfato natural, KCL, bórax, MGO, NPK) , tratamentos fitossanitários (herbicida, rodenticida, inseticida), conservação de estradas. O plantio está previsto para 2022 com investimento de R$ 2.228.918,84, com recursos próprios de R$ 222.891.884 (10%) e financiamento do Banco da Amazônia de R$ 2.006.026.957 (90%).

Implementação – 1º ano (2023); 2º ano (2024); 3º ano (2025); manutenção (plantio até entrada em produção comercial (3 a 4 anos); replantio; transporte; coroamento de conservação; rebaixamento da cobertura; poda; castração; polinização; adubação (adubações - nitrogênio, fósforo, potássio, cálcio, magnésio, boro, tratamentos fitossanitários). A manutenção das estradas será efectuada por uma patrulha mecanizada permanente, cujo orçamento anual está incluído nas normas técnicas de custos.

Os anos de implantação envolvem investimento no valor de R$ 4.888.376,70 (100%), com recursos próprios de R$ 488.837,67 (10%) e financiamento do Banco da Amazônia de R$ 4.399.539,03 (90%), distribuídos no ano de 2023 (R$ 1.437.036,54) ano 2024 (R$ 1.637.855,07) ano 2025 (R$ 1.813.485,10).

Custos do projeto

Os custos totais do projeto são registrados na Tabela 9 e podem ser encontrados distribuídos entre custos de investimento, manutenção, seguros e depreciação.

Quadro9 – Cronograma Físico-Financeiro de Investimentos; Depreciação; Manutenção e Seguros

CRONOGRAMA FÍSICO-FINANCEIRO " DEPRECIAÇÃO;SEGURO;MANUTENÇÃO/ANUAL" " PARA 600 HA DE DENDÉ"							
	INVERSÕES PROJETADAS TOTAL	MANUTENÇÃO %	EM R$ 1,00	SEGURO %	EM R$ 1,00	DEPRECIAÇÃO %	EM R$ 1,00
I-INVEST.FIXOS	19 548 447,29						
A-SETOR AGRICOLA	19 548 447,29		393 684,694		80 124,011		582 399,228
TERRENOS	320 000,00		-	1%	1 600,000	2%	6 400,000
DENDEZAL	8 138 006,40	3%	203 450,160	1%	40 690,032	2%	162 760,128
PREPARO TERRENO	1 595 221,14		-		-		-
VIVEIROS	1 238 974,81		-		-		-
PLANTIOS DEFINITIVOS	5 303 810,45		-		-		-
CONSTR.ESTRADAS	1 457 280,00	3%	43 718,400	1%	7 286,400	10%	145 728,000
EDIFICAÇÕES/C.CMS	2 994 366,84	3%	89 831,005	1%	14 971,834	2%	59 887,337
MÓVEIS UTENCÍLIOS	293 799,63	3%	8 813,989	1%	1 468,998	10%	29 379,963
VEÍCULOS	560 200,00	5%	28 010,000	2%	9 803,500	20%	112 040,000
MAQ.EQUIP.IMPLEM.	662 038,00	3%	19 861,140	1%	4 303,247	10%	66 203,800
ESTUDOS E PROJETOS	298 206,62		-		-		-
ASSISTÊNCIA TÉCNICA	596 413,25		-		-		-
MÃO D'OBRA ESPECIAL	3 889 600,00		-		-		-
CAPITAL GIRO	338 536,55						

Receitas e produção da Cultura do Óleo de Palma

Levando em conta que a correlação edafo -climatológica é de boa propensão para o dendezeiro, podemos creditar o seguinte potencial de produção de cachos por ha/ano: 8 toneladas no ano 1 (2025); 12 toneladas no ano 2 (2026); 16 toneladas no ano 3 (2027); 20 toneladas no ano 4 (2028); 22 toneladas no ano 5 (2029); e, 24 toneladas no ano de 2030 a 2041.

Com base nos preços spot vigentes na Agropalma em fevereiro de 2021 de R$ 583,12/tonelada cacho, a expectativa é de receita conforme Tabela 10.

Frame10 – Receita de cachos a preços constantes

RECEITA DE CACHOS DA PLANTAÇÃO DE 600 HA A PREÇOS CONSTANTES EM R$ 1,00					
ANOS	**PRODUÇÃO TON HA ANO/ CACHOS		PRODUÇÃO CACHO TON /ANO	*PREÇO TON/CACHOS	TOTAL RECEITA REAIS R$
	TON	**%			
2 025,000	N 5	8,00	33,33%	4 800,00	583,12	2 798 990,40
2 026,000	N 6	12,00	50,00%	7 200,00	583,12	4 198 464,00
2 027,000	N 7	16,00	66,67%	9 600,00	583,12	5 597 952,00
2 028,000	N 8	20,00	83,33%	12 000,00	583,12	6 997 440,00
2 029,000	N 9	22,00	91,67%	13 200,00	583,12	7 697 184,00
2 030,000	N 10	24,00	100,00%	14 400,00	583,12	8 396 928,00
2031 A 2041	N 11 A N 24			14 400,00	583,12	8 396 928,00
ÁREA PLANTADA	600,00					

*TENDO COMO BASE OS PREÇOS FOB Á VISTA , VIGENTES NA AGROPALMA S/A NO MÊS - JANEIRO 2021

   FONTE AGROPALMA S/A PARÁ Fonte Embrapa (15% DO VALOR TON ÓLEO KERNEL=3.887,49 *15%)

**DA PRODUÇÃO ESTABILIZADA 24 TON HA/ANO >ANO 2030.......

Fluxo de Caixa e Capacidade de Pagamento

O Fluxo de Caixa e a Capacidade de Pagamento estão registrados no Anexo 1 para as seguintes premissas: lançamentos - 4 anos (2021 -2024); carência – 5 anos (2021-2025); reembolso -7 anos (2026 -2032); duração do projeto 25 anos (2021-2041). O financiamento solicitado provém de recursos próprios e recursos do programa FNO (Banco da Amazônia) nas proporções de 10% e 90% respectivamente.

5.2 Análise Econômica e Financeira do projeto

O projeto utilizou dados da estrutura produtiva do cultivo de dendê no município de Moju , estado do Pará, e realizou a viabilidade técnica, econômica e financeira de implantação/exploração da unidade plantada em questão. Os resultados foram separados por unidade de produção. Os indicadores económico-financeiros estão registados na Tabela 11.

A análise do fluxo de caixa do projeto foi apresentada a uma taxa de 4,48%% ao ano, [FNO] durante um período de 25 anos (2021-2041), seguindo a classificação do volume de negócios médio anual do Fundo Constitucional do Norte - FNO, de acordo com o Investimento Plano do Banco da Amazônia – BASA, para 2011.

Em relação à atualização dos fluxos de caixa futuros ou Taxa de Caixa Descontado [FCD] e sua relação com o investimento inicial ficou 16,3% acima da taxa de oportunidade (10,8%) consistente com o critério de viabilidade econômica do projeto.

A Taxa Interna de Retorno [TIR] ficou em torno de 17,38%, e cobriu a Taxa de Oportunidade ou TMAR, que é de 10,80%, indicando uma margem de conforto para aplicações financeiras.

Quadro 11 - Indicadores Econômico/Financeiros

INDICADORES ECONÔMICOS	
INDICADORES ECONOMICOS	% / R$
VAL	31 523 853,55
TIR	17,38%
TIRI	16,30%
ÍNDICE DE RENTABILIDADE (ROI)	-611,8%
TAXA DE OPORTUNIDADE	10,80%
TAXA DE REINVESTIMENTO	8,00%
LUCRO LIQUIDO	145 113 852,76
INVESTIMENTO TOTAL	23 720 374,94
*2.1-ENCARGOS (Juros 4,48% + A.A.)	8 146 592,29

MEMÓRIA DA CÁLCULO
ROI = Lucro Líquido / Investimento Total * 100%
Custo médio ponderado do capital (CMPC)=(R1*W1)+(R2*W2) +TAXA DE RISCO

R1 = custo de oportunidade	10,00%
r2 = taxa de juros de mercado	2,00%
w1 = proporção de capital próprio (TAXA C	10,00%
w2 = proporção capital de terceiro	90,00%
RISCO	8,00%
CMPC	2,80%
TAXA DE OPORTUNIDADE	10,80%

Com os dados apresentados no fluxo de caixa do projeto, o valor presente líquido foi de R$ 31.523.853,55. Este valor é muito representativo e mostra que o projeto é bom, pois o VPL é muito maior que zero. Mesmo que o VAL fosse zero, o projecto continuaria a ser atractivo, pois reembolsaria os montantes investidos. Neste caso específico, significa que o retorno esperado da empresa de 10,8% será alcançado.

O projeto apresentou ROI (Índice de Rentabilidade ou Retorno sobre Investimento) de 611,8% e Taxa de Reinvestimento de 8,00%, destinado à reposição de máquinas e equipamentos.

O retorno dos ativos demonstra a capacidade de geração de Lucro Líquido e pode ser utilizado como indicador de desempenho do projeto. Observa-se que o valor ganho foi de R$ 145.113.852,76, foram considerados todos os custos da empresa (variáveis e fixos), que devem incluir despesas com impostos, salários, energia elétrica, que independem da produção, referentes aos anos de (2025/2041).

5.3 Avaliação do Ciclo de Vida

5.3.1 Limites do sistema em estudo e unidade funcional

Os limites do sistema completo estão representados na Figura 35. O sistema em estudo corresponde aos processos de pré-germinação e cultivo do dendezeiro.

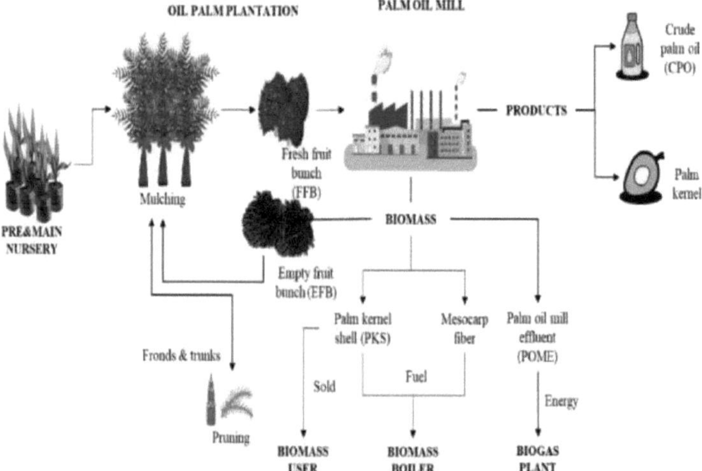

Figura 35 - Limites completos do sistema (*Zainal Haryati et.al.2021*)

A **unidade funcional (UF)** escolhida foi 1 kg de fruto de dendê na saída do armazém.

5.3.2 Análise do Inventário do Ciclo de Vida (ICV)

Os dados do inventário de ciclo de vida (ICV) dos processos considerados neste estudo, ou seja, desde o pré-viveiro (semeadura) até a colheita, bem como os processos equivalentes nas bases de dados disponíveis no SimaPro 9.3, estão anexados. (Anexo 2) e pode ser resumido da seguinte forma:

Dendê - pré-viveiro

Quanto à fase pré-viveiro, uma parte importante das entradas no sistema é constituída por pesticidas, nomeadamente herbicidas, insecticidas e fungicidas, que desencadeiam impactos negativos na saúde humana e nos ecossistemas. Outros insumos relevantes são a fertilização com fertilizantes inorgânicos, nomeadamente azoto, fósforo e potássio. Do ponto de vista operacional temos consumos relacionados com máquinas, nomeadamente gasóleo e lubrificantes.

Óleo de palma - viveiro

No viveiro o uso de agrotóxicos é mais intenso, as quantidades de herbicidas, inseticidas e fungicidas aplicadas são muito maiores do que na fase pré-viveiro. Ao nível da fertilização, além do azoto, do fósforo e do potássio administrados em quantidades muito superiores às da fase pré-viveiro, também são aplicados boro e magnésio. As quantidades de diesel e lubrificantes também são significativamente maiores.

Dendê - preparo do solo B1-B4

Em termos de preparo do solo, parte importante dos impactos é a mudança no uso e ocupação do solo com culturas perenes. Nesta fase, o consumo de lubrificantes e principalmente de óleo diesel é extremamente elevado, assim como a utilização de fertilizantes inorgânicos como fósforo, nitrogênio e potássio. Herbicidas também são usados para controlar ervas daninhas.

Óleo de palma - plantação/formação Ano2

Relativamente à plantação, e nos 2 anos seguintes à plantação, os principais insumos referem-se aos fertilizantes, tanto orgânicos (ureia) como inorgânicos (azoto, fósforo, manganês e potássio), bem como a utilização de pesticidas, nomeadamente insecticidas e herbicidas. A mecanização envolve o consumo de quantidades consideráveis de diesel e lubrificantes.

implementação dos anos 3 e 4

No terceiro e quarto ano de implementação, a utilização de fertilizantes, orgânicos e inorgânicos, continua a ser o principal factor. Continuam a ser utilizados pesticidas, nomeadamente herbicidas e insecticidas, e as operações mecânicas justificam o consumo de gasóleo e lubrificantes.

Óleo de palma - ano de produção 5-24

Durante o período de produção, a adubação continua, com fertilizantes orgânicos e inorgânicos, com adição de uréia, potássio e manganês. Herbicidas e inseticidas são aplicados regularmente e as operações mecânicas justificam o consumo de diesel e lubrificantes.

5.3.3 Avaliação de Impacto Ambiental (IACV)

Método LMC

Os resultados da AICV, para a unidade funcional (1 kg de fruto de palma), utilizando o método CML são apresentados na Tabela 12.

Quadro12 - Resultados de LCIA para a UF pelo método CML

Categoria de impacte	Unidade	Totalt	Dendê	Dendê - pré viveiro	Dendê - viveiro	Dendê -preparação do solo B1-B4
Abiotic depletion	kg Sb eq	6,85532E-07	0	2,5126E-09	4,1762E-08	9,03015E-08
Abiotic depletion (fossil fuels)	MJ	0,695558469	0	0,002392232	0,017114649	0,069132542
Global warning (GWP100a)	kg CO2 eq	0,058832301	0	0,000175198	0,001358488	0,005201123
Ozone layer depletion (ODP)	kg CFC-11 eq	4,73205E-09	0	2,51093E-11	1,416E-10	5,55183E-10
Human toxicity	kg 1,4-DB eq	0,046415663	0	0,000150022	0,001514021	0,004781055
Fresh water aquatic ecotox.	kg 1,4-DB eq	1,876255787	0	0,009356012	0,18473901	0,00341209
Marine aquatic ecotoxicity	kg 1,4-DB eq	81,15984658	0	0,159967357	1,384664652	8,262246585
Terrestrial ecotoxicity	kg 1,4-DB eq	0,145643953	0	0,000727971	0,014495153	3,28934E-05
Photochemical oxidation	kg C2H4 eq	1,90815E-05	0	4,87333E-08	3,11788E-07	1,44311E-06
Acidification	kg SO2 eq	0,000434332	0	1,1752E-06	7,81702E-06	3,93246E-05
Eutrophication	kg PO4— eq	8,59449E-05	0	3,1183E-07	2,2149E-06	9,28775E-06

Categoria de impacte	Unidade	Totalt	Dendê	Dendê - plantação /formação Ano2	Dendê - implantação Ano3 e 4	Dendê - produção Ano 5-24
Abiotic depletion	kg Sb eq	6,85532E-07	0	4,16259E-08	6,54237E-08	4,43906E-07
Abiotic depletion (fossil fuels)	MJ	0,695558469	0	0,040894254	0,058950502	0,507074289
Global warning (GWP100a)	kg CO2 eq	0,058832301	0	0,003247837	0,004648693	0,044200962
Ozone layer depletion (ODP)	kg CFC-11 eq	4,73205E-09	0	3,73833E-10	4,57208E-10	3,17912E-09
Human toxicity	kg 1,4-DB eq	0,046415663	0	0,002485385	0,004148654	0,033336526
Fresh water aquatic ecotox.	kg 1,4-DB eq	1,876255787	0	0,040200342	0,233234065	1,405314267
Marine aquatic ecotoxicity	kg 1,4-DB eq	81,15984658	0	3,579941295	6,824506567	60,94852012
Terrestrial ecotoxicity	kg 1,4-DB eq	0,145643953	0	0,003041264	0,018196804	0,109149868
Photochemical oxidation	kg C2H4 eq	1,90815E-05	0	8,24765E-07	1,47835E-06	1,49747E-05
Acidification	kg SO2 eq	0,000434332	0	2,08172E-05	3,596E-05	0,000329238
Eutrophication	kg PO4— eq	8,59449E-05	0	5,44223E-06	7,46655E-06	6,12217E-05

Da Tabela 12 verifica-se que para a produção de 1 kg de óleo de palma (UF), as emissões de gases com efeito de estufa, que contribuem para o aquecimento global, correspondem a 0,059 kg equivalente de CO2 e que a energia consumida a partir de combustíveis fósseis é de cerca de 0,7 MJ. .

O perfil ambiental de 1 kg de fruto de palma está representado na Figura 36 e pode-se observar que para todas as classes de impacto, a fase com maior impacto ambiental é "produção, ano 5-24", o que representa para todas as classes impacto mais de 60% do seu valor e, em alguns casos (aquecimento global, ecotoxicidade dos ecossistemas terrestres, marinhos e de água doce e oxidação fotoquímica) mais de 75%. A preparação e implementação do solo também apresentam valores significativos para a maioria das categorias de impacto. Muitos dos impactos resultam do uso de máquinas e do uso de pesticidas e fertilizantes.

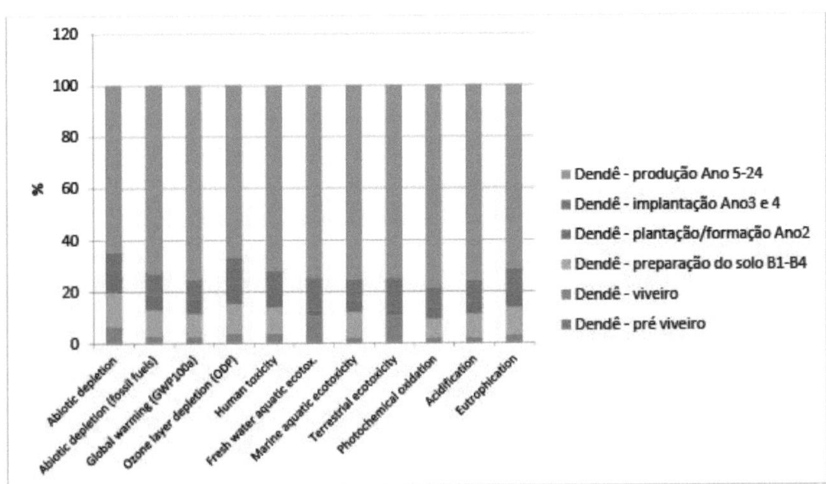

Figura36 - Perfil ambiental de 1 kg de ' Dende '; Método: Linha de base CML-IA V3.07 / Mundo 2000 / Caracterização

Comparando os perfis ambientais de 1 kg de fruto de palmeira com 1 kg de "cacho de fruto de palmeira" disponível na base de dados ecoinvent do software SimaPro 9.3, os resultados estão registrados na Figura 37.

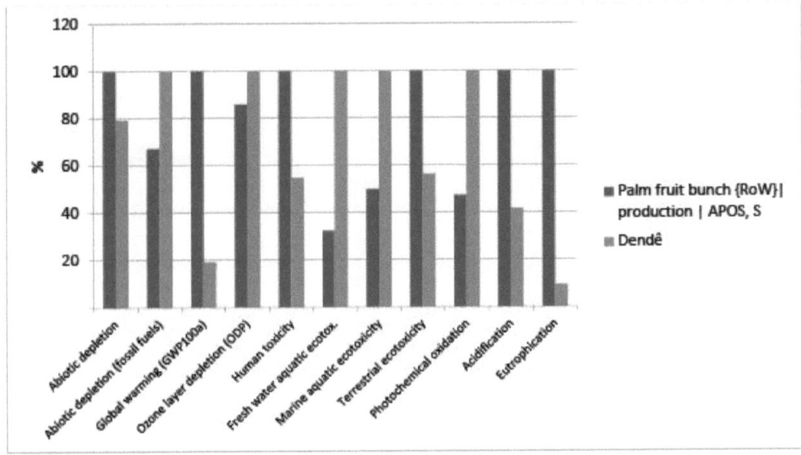

Figura37 - Perfil Ambiental Comparativo de Cacho de Palmeira de 1 kg { RoW }| produção | APOS, S' com 1kg de ' Dende '; Método: Linha de base CML-IA V3.07 / Mundo 2000 / Caracterização

A comparação entre o "cacho de palmeiras" e o dendezeiro em termos de classes de impacto mostra que o dendezeiro tem maior impacto no consumo de combustíveis fósseis, embora contribua menos para o aquecimento global e para a degradação dos recursos abióticos; tem um efeito mais prejudicial na destruição da camada de ozono e na ecotoxicologia dos ecossistemas marinhos e de água doce e na oxidação fotoquímica; mas tem impactos significativamente menores em termos de toxicidade humana, ecotoxicidade dos ecossistemas terrestres, que resultará de uma menor utilização de pesticidas, acidificação e eutrofização.

Método ReCiPe

Utilizando o método ReCiPe no nível final, os impactos ambientais da UF (1 kg de óleo de palma) são registados na Tabela 13.

Quadro13 - Resultados LCIA para o UF usando o método endpoint ReCiPe

Categoria de danos	Unidade	Totalt	Dendê	Dendê - pré viveiro	Dendê viveiro	Dendê - preparação do solo B1-B4
Totalt	mPt	4,893885914	0	0,011871194	0,076714663	1,820879744
Human health	mPt	3,148038307	0	0,0113685	0,072848385	0,25011447
Ecosystems	mPt	1,7112547	0	0,000347011	0,002832988	1,566510826
Resources	mPt	0,034592907	0	0,000155683	0,00103329	0,004254448

Categoria de danos	Unidade	Totalt	Dendê	Dendê - plantação /formação Ano2	Dendê - implantação Ano3 e 4	Dendê - produção Ano 5-24
Totalt	mPt	4,893885914	0	0,183175158	0,262542581	2,538702574
Human health	mPt	3,148038307	0	0,174967646	0,248757539	2,389981767
Ecosystems	mPt	1,7112547	0	0,005733887	0,010519806	0,125310183
Resources	mPt	0,034592907	0	0,002473626	0,003265236	0,023410624

O perfil ambiental da UF, utilizando o método ReCiPe 2016, está representado na Figura 38. As fases de maior impacto ambiental são o preparo do solo, que produz grandes impactos nos ecossistemas, e a produção do 5° ao 24° ano, em que os principais O impacto é na saúde humana, devido à quantidade de agrotóxicos utilizados ao longo deste período.

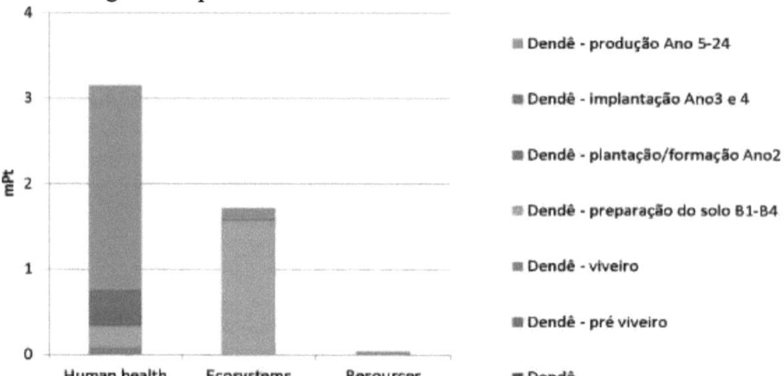

Figura38 - Perfil Ambiental de 1 kg de ' Dende '; Método: ReCiPe 2016 Endpoint (H) V1.06 / Mundo (2010) H/A / Ponderação

Algo a melhorar no sistema de produção seria a otimização, redução e até eventual eliminação da utilização de pesticidas, recorrendo, por exemplo, a outros métodos de combate aos inseticidas (utilização de metodologias específicas da agricultura biológica, por exemplo), e à utilização de fertilizantes orgânicos com alguma capacidade biocida em algumas fases de crescimento de ervas daninhas.

Capítulo 6

Conclusões / Considerações Finais

O estudo científico foi dividido em duas partes: a primeira envolveu uma revisão de literatura em bases de dados, artigos, dissertações de mestrado, relatórios de grandes empresas nacionais e multinacionais das agroindústrias de dendê, sobre a produção de dendezeiro no mercado internacional e nacional mercado . , cadeia de insumos e instituições governamentais utilizando os descritores " dende ", "sustentabilidade", "cadeia global de valor", "cadeia produtiva", "desenvolvimento econômico", "análise econômica e financeira". A segunda parte correspondeu a uma análise ambiental utilizando a metodologia "avaliação do ciclo de vida do produto (ACV)".

A viabilidade técnica e económica do projecto é assegurada com uma produção estimada de 25 toneladas/ha/ano de cachos. Com uma taxa de extração de 22%, teremos uma produção de óleo de palma de 5,3 toneladas/ha/ ano. A Taxa Interna de Retorno [TIR] está em torno de 17,38%, o valor presente líquido (VPL) é de R$ 31.523.853,55 e o ROI (Rentabilidade Índice ou Retorno do Investimento) atingiu o patamar de 611,8%.

O estudo de avaliação do ciclo de vida do dendê mostra que a contribuição do processo de produção do dendezeiro (anos 5 a 24), para os impactos ambientais, varia de um mínimo de 65% para esgotamento abiótico e um máximo de 80% para oxidação fotoquímica, quando se utiliza o método CML. Ao utilizar o método ReCiPe , esse processo produtivo é responsável por aproximadamente 76% dos impactos na saúde humana, enquanto o processo de preparação do solo para o plantio de dendê é responsável por aproximadamente 92% dos impactos no ecossistema. A pegada ecológica de 1 kg de óleo de palma é equivalente a 0,059 kg de CO2.

O Brasil não representa um grande plantador e produtor desta importante cultura para atender às suas necessidades. Em 2005, segundo estatísticas do "Malaysian Palm Oil Board" [MPOC], o país ocupava o 11º lugar entre os maiores produtores mundiais de óleo de palma (com 160 mil toneladas), produção insuficiente para satisfazer a procura interna (MPOC, 2012) .

As perspectivas de participação do óleo de palma no mercado mundial são excelentes, com tendência ascendente dos preços, sem grandes oscilações, proporcionando à indústria transformadora global aquela segurança e estabilidade de disponilidade tão necessárias ao seu planeamento e crescimento. Os preços do óleo de palma no mercado asiático caminham para um período de aumentos persistentes. Segundo analistas de mercado entrevistados pelas agências de notícias Reuters e Bloomberg, a perspectiva é de restrição na disponibilidade da commodity para o mercado global proveniente da Indonésia (Biodieselb , 2019).

Em Kalimantan, foram estudadas as ligações entre o desenvolvimento do dendê, o desmatamento e o envolvimento de atores públicos e privados em diferentes níveis (Prabowo et al., 2017). É importante notar que estes problemas não estão relacionados com o dendezeiro em si, mas com o estabelecimento e cultivo da sua cultura (Rival e Levang, 2014). Apesar do crescimento económico, no entanto, existem preocupações de que o rápido desenvolvimento e expansão das plantações de dendezeiros tenham deixado uma pegada ecológica indesejável. A expansão do dendê tem sido associada ao desmatamento de florestas e turfeiras (Vijay et al., 2016), levando a uma quantidade significativa de emissões de gases de efeito estufa (GEE) (Miettinen et al., 2012) e à perda de biodiversidade (Koh e Wilcove , 2009 ; O cultivo de dendê também leva a impactos sociais negativos, como a expropriação de terras e más condições de trabalho nas plantações (Gellert, 2015).

Porém, no contexto brasileiro em que as plantações de dendê são realizadas em áreas com solos já degradados e abandonados por falta de renda da pecuária ou de culturas comerciais, o cultivo de dendê pode ser visto como um valor agregado em termos ambientais, econômico e social, pois permite a recuperação de solos degradados, e uma renda que de outra forma não seria possível nessas áreas já degradadas pela pecuária e pelo agronegócio, reduzindo assim a pressão sobre a floresta alta (floresta amazônica intocada), ao mesmo tempo Durante este período, a implementação de plantações de dendezeiros está geralmente associada a um ligeiro aumento da biodiversidade resultante da recuperação de algumas espécies nativas que em alguns casos são consideradas pragas.

Neste contexto, e a partir da análise das classes de impacto, consideramos que podem ser feitos alguns ajustes nos modelos de produção no sentido de reduzir a utilização de pesticidas, por exemplo, o que reduziria muito algumas classes de impacto relevantes para o ambiente e a saúde humana, através de reduzindo a toxicidade. O trabalho revela ainda que é possível estudar sistemas de produção de forma a reduzir o número de intervenções, o que reduziria o impacto das diferentes classes de impacto e resultaria num sistema de produção mais eficiente e competitivo, aumentando assim a rentabilidade das plantações.

O dendêÉ também o melhor transformador de energia solar. O óleo de palma tem os melhores rendimentos por hectare em comparação com outras sementes oleaginosas e o corpo gordo tem maior probabilidade de satisfazer a procura das crescentes necessidades de gordura do homem. O óleo de palma substitui o diesel nos motores diesel e os custos no mercado nacional e internacional são satisfatórios.

Referências bibliográficas

ABCV (2011). O conceito de ciclo de vida e definição de ACV. Associação Brasileira do Ciclo de Vida. http://www.abcvbrasil . org.br/index.php .

Abrapalma (2017). Produção nacional de óleo de palma. Agosto de 2016.

Agropalma (2018). Relatório de Sustentabilidade 2017. https://www.agropalma.com.br/responsabilidades-socioambiental/ relatorio - des - sistencia .

Ahmad, AL., Sumathi, S., Hameed, BH. (2005). Adsorção de óleo residual de efluente de fábrica de óleo de palma utilizando quitosana em pó e em flocos: estudos de equilíbrio e cinética. Res Água ;39:2483 -94

ANP (2010). Dados estatísticos. Agência Nacional do Petróleo, Gás Natural e Biocombustíveis. http://www.anp.gov.br – em 6 de junho de 2022

Aranda, DAG, Antunes, OAC (2004). Processo catalítico para esterificação de ácidos graxos presentes nas borras ácidas da palma utilizando catalisadores sólidos ácidos, WO 2004096962,

Arrieta, F., Teixeira, F., Yanez, E., Lora, E., Castilho, E. (2009). Potencial de cogeração. Na Silva, CL da; Rabelo, JM; Ramazzotte , V. d.; Rossi, L. F.; Bollamann , HA A cadeia do biogás e a sustentabilidade local: uma análise socioeconômica e ambiental da energia proveniente dos resíduos sólidos urbanos do aterro de Caximba , em Curitiba. Inovar. vol. 19, não. 34, pág. 83-98. < http://www.scielo.org.co/scielo.php?script=sci_arttext&pid= S012150512009000200007 & lng = en&nrm = iso >.

Bergstrom, RC, Maki, LR, Werner, BA (1976). Pequenos besouros rola-bosta como agentes de controle biológico: estudos laboratoriais da ação dos besouros em ovos de tricostrongilídeos em fezes de ovinos e bovinos . Anais da Sociedade Helmintológica de Washington, vol. 43, não. 2, pág. 171-174,

Bergstrom, E. et al. (2019). As ervas marinhas podem mitigar os efeitos negativos da acidificação dos oceanos nas algas calcificantes. Relatórios Científicos.

BEN (2021). Balanço Energético Nacional. Empresa de pesquisa energética. https://www.epe.gov.br/pt/abcdenergia/matriz-energetica-e-eletrica .

Benami, ELM, Curran, M., Cochrane, A., Venturieri , R., Franco, J., Kneipp, A., Swartos EA, Glinskis , Gutierrez-Velez, VH (2019). Quantificar e compreender as mudanças na cobertura da terra por grandes e pequenos regimes de expansão do dendezeiro na Amazônia peruana. Política de Uso da Terra, 80:95-106. http://dx.doi.org/10.1016/j.landusepol.2018.09.032 .

Biodieselb (2019). Disponível em: https://www.biodieselbr.com/noticias/materia-prima/dende/valordo-oleode-palma-sobe-em-antecipacao-a-aperto-na-oferta- 041119 (acessado em 23/11/2020) .

Boff, L. (2012). Sustentabilidade: o que é – o que não é. Petrópolis, RJ: Vozes , p. 107.

Brandão, F. et al. (2021). O desafio de conciliar conservação e desenvolvimento nos trópicos: Lições do modelo de governança do dendê no Brasil. Desenvolvimento Mundial, vol. 139:1-15.

Brandão, F., de Castro, F., Futemma , C. (2019). Entre a mudança estrutural e a agência local no setor de óleo de palma: interações, heterogeneidades e transformações da paisagem na Amazônia brasileira. Jornal de Estudos Rurais, 71, 156-168. https://doi.org/10.1016/j.jrurstud.2018.09.007 .

Brandão, F., Schoneveld , G., Pacheco, P. (2018). Fortalecimento da inclusão social no contrato de cultivo de dendê na Amazônia brasileira. Bogor, Centro Indonésio para Pesquisa Florestal Internacional (CIFOR).

Brandão, F., Schoneveld , G. (2015). O estado do desenvolvimento do dendezeiro na Amazônia brasileira: tendências, dinâmica da cadeia de valor e modelos de negócios. Bogor, Centro Indonésio para Pesquisa Florestal Internacional (CIFOR).

Brasil (2010). Programa de Produção Sustentável de Óleo de Palma (SPOPP). https://www.camara.leg.br/proposicoesWeb/prop_mostrarintegra?codteor=768 113programa.

Carter, CW, Finley, J., Fry, D., Jackson, L. (2007). Willis Mercados de óleo de palma e fornecimento futuro Eur. J. Lipid Sei. Técnico, 109 pp.

Campolina , JM, Sigrist, CSL, Moris, VAS (2015). Uma revisão da literatura sobre softwares utilizados em estudos de Avaliação do Ciclo de Vida. Revista Eletrônica de Gestão, Educação e Tecnologia Ambiental. Revista do Centro de Ciências Naturais e Exatas - UFSM Santa Maria, v. 19, no. 2, pág. 735-750,

Carvalho, L. (2016). Produção de biocombustíveis a partir de resíduos da indústria do óleo de palma (Elaeis guinaeensis) (Tese de Doutorado). Faculdade de Química, Universidade Federal do Rio de Janeiro, Rio de Janeiro,

Carvalho, SN (2003). Avaliação de programas sociais: panorama de experiências e contribuição ao debate. São Paulo: v. 17, não. 3-4, páginas 185-197.

CCPO (2020). Ciclo de vida de uma molécula de ozônio: fotoquímica básica. Capítulo 2. Centro de Oceanografia Física Costeira. Old Dominion University http://www.ccpo.odu.edu/SEES/ozone/class/Chap_5/5_2.htm (Acessado em 09-06 - 2020).

Chan, KW, Watson, I., Link, C. (1981). Uso de resíduos de dendê para aumentar a produção. In: Anais da Conferência sobre Ciência do Solo e Desenvolvimento Agrícola na Malásia. Kuala Lumpur, pág. 213-242.

Chia, GS, Lopes, R., Cunha. RNV, Rocha, RNC, Lopes, MTG (2009). Repetibilidade da produção de cachos de híbridos interespecíficos entre Caiauê e dendezeiro. Acta Amazônica , v. 39, n. 2, pág. 249-254

Chislock , MF, Doster, E., Zitomer, RA, Wilson, AE (2013). Eutrofização: Causas, Consequências e Controles em Ecossistemas Aquáticos». Conhecimento de Educação da Natureza 4 (4): 10.

Chipperfield, deputado (2015). Quantificar os benefícios do ozônio e do ultravioleta já alcançados pelo Protocolo de Montreal. Natureza, Comunicações 6, Número do artigo: 7233. http://www.nature.com/ncomms/2015/150526/ncomms8233/full/ncomms8233 . HTML

Conceição , HEO & Muller, AA (2000). Botânica e morfologia do dendezeiro. In: Viegas, IJM & Muller, AA (Eds.) Cultura de dendê na Amazônia brasileira. Belém - PA, Embrapa Amazônia Oriental.

Corley, RHV e Tinker, PB (2003). O óleo de palma. Wiley- Blackwell,. 592 pp.

Creswell, JW (2010). Desenho da pesquisa: abordagens qualitativas, quantitativas e de métodos mistos . Califórnia: Sábio.

Cunha, BP e Augustin, S. (2014). Sustentabilidade ambiental: estudos jurídicos e sociais [recurso eletrônico]. Editora da Universidade de Caxias do Sul - Educs , (2), 1 - 486.

Damasceno, FR (2013. Aplicação de Preparado Enzimático e Biosuffante no Tratamento Anaeróbio de Efluentes com Alto Teor de Gordura (Tese de Doutorado). Universidade Federal do Rio de Janeiro, Rio de Janeiro.

Darras, KH & Faust, et al. (2017). Uma revisão das funções ecossistêmicas nas plantações de dendezeiros, utilizando as florestas como sistema de referência. Biol Rev, 92, pp.1539-1569.

Dislich , C, AC, Keyel , J., Salecker , Y., Kisel, KM, Meyer, M., Auliya, AD, Barnes, MD, Corre, K., Darras, H., Faust, et al. (2017). Uma revisão das funções ecossistêmicas nas plantações de dendezeiros, utilizando as florestas como sistema de referência. Biol Rev, 92 pp.

Dezotti , M. (2008). Processos e técnicas para controle ambiental de efluentes líquidos: Volume 5, Série Escola Piloto de Engenharia Química. E-papers .

Drouvot , H., Drouvot , CM (2012). O Programa Federal de Produção Sustentável de Dendê: a questão da participação dos atores locais em prol do desenvolvimento territorial. 2º Congresso Transformare , Paris. 19-20 Marte.

Embrapa (1989). UEPAE de Belém. Documentos, 13.

Embrapa , (2007). Procedimentos para produção de sementes comerciais de dendê na Embrapa Amazônia Oeste.

Embrapa (2010). Zoneamento Agroecológico de Solos para a Cultura do Dendezeiro (Dendezeiro) em Áreas Desmatadas da Amazônia Legal. Rio de Janeiro-RJ

Embrapa (2011). Parabéns ao Dendê . Revista Agroenergia . nº 2, Brasil . www.cnpae.embrapa.br (Acessado em 22/11/2020).

Engel, S., Pagiola S., Wunder, S. (2008). Projetando pagamentos por serviços ambientais na teoria e na prática: uma visão geral das questões. Economia Ecológica 65, p.668-674.

EPA (2020). Substâncias que destroem a camada de ozônio. Agência de Proteção Ambiental dos Estados Unidos. https://www.epa.gov/ozonelayer-protection/ozone-depleting-substants (Acessado em 09/06/2022)

FAO (2014). O estado de insegurança alimentar no mundo. Organização para Alimentação e Agricultura das Nações Unidas. http://www.fao.org/publications/sofi/en/ (Acessado em fevereiro de 2021).

Faostat (2011). Organização para Alimentação e Agricultura das Nações Unidas. http://faostat.fao.org (acessado em outubro, novembro e dezembro de 2021).

FAOSTAT (2018). Produção/culturas: óleo, fruto de palma Prod Óleo Fruto de Dendê. http://faostat.fao.org

Feil, AA e Schreiber, D. (2017). Sustentabilidade e desenvolvimento sustentável: desvelando as imbricações e o alcance de seus significados. Cafajeste. EBAPE.BR, 14(3), 667-681

Farman, JC et al. (1985). Grandes perdas de ozônio total na Antártica revelam interação sazonal ClOx/NOx. Natureza 315, 16 de maio, p. 207-210.

Ferreira J. (2004). Gestão Ambiental - Análise do Ciclo de Vida do Produto. Instituto Politécnico de Viseu , pp 80.

Ferreira, H., Cassiolato , M., Gonzalez, R. (2007). Como criar um modelo de programa lógico: um roteiro básico. Brasília: Ipea ,

Feng, Y. e Lin Q. (2017). Processos integrados de digestão anaeróbica e pirólise para maior recuperação de bioenergia da biomassa lignocelulósica: Uma breve revisão, Renew. Sustentar. Energia Rev., vol. 77:1272-1287

Furlan, J. (2006). Dendê: gestão e aproveitamento de subprodutos e resíduos. Belém, PA: Embrapa Amazônia Oriental.

Furtado, C. (1983). Teoria e política do desenvolvimento econômico. São Paulo: Abril Cultural,. A coleção dos economistas.

Geraldo. A, M., Wollni , D., Holscher, B., Irawan, H. Kreft (2017). Rendimentos de óleo de palma em plantações diversificadas: resultados iniciais de um experimento de enriquecimento de biodiversidade em Sumatra, Indonésia. Agrícola. Ecossistema. Meio Ambiente, 240

Gitman, LJ (2004). Princípios de gestão financeira. 10.ed. Tradução técnica Antonio Zoratto Sanvicente. São Paulo: Pearson Addison Wesley.

Glinskis EA e Gutierrez-Velez VH (2019). Quantificar e compreender as mudanças na cobertura da terra por grandes e pequenos regimes de expansão do dendezeiro na Amazônia peruana. Política de Uso da Terra, 80 pp. 95-106.

Goedkoop , M., & Spriensma , R. (2009). O Eco-indicador 99 - Um método orientado para os danos para a Avaliação do Impacto do Ciclo de Vida. Relatório de metodologia. segunda edição. Países Baixos: PRe Consultants BV Amersfoort

Guinee JB, Heijungs R., Gorree M. (2001). Avaliação do Ciclo de Vida: um guia operacional para os padrões ISO. Centro de ciências ambientais, Leiden.

Guinee, J. (2001). Manual de Avaliação do Ciclo de Vida. Um guia operacional para os padrões ISO. Editores Acadêmicos Kluwer.

Guinee, JB, Gorree, M., Heijungs , R., Huppes , G., Kleijn, R., Koning, A. de, Oers , L. van, Wegener Sleeswijk , A., Suh, S., Udo de Haes , HA, Bruijn, H. de, Duin, R. van, Huijbregts , MAJ (2004). Manual de avaliação do ciclo de vida. Guia operacional para os padrões ISO. I: ACV em perspectiva. IIa : Guia. IIb: Anexo operacional. III: Formação científica. Editores Acadêmicos Kluwer.

Guise, LMT (2003). Estudo da Degradação de Compostos Orgânicos Voláteis pela Radiação Ultravioleta. Dissertação (Mestrado em Química Têxtil). Departamento de Engenharia Têxtil, Universidade do Minho, Portugal.

Ma, F. e Hanna, MA (1999). Produção de biodiesel: uma revisão. Tecnologia Bioresource, v.70, n.1, p.1-15.

Hayati, A., Wickneswari , R., Maizura , I., & Rajanaidu , N. (2004). Diversidade genética do dendê (Elaeis guineensis Jacq.) coleções de germoplasma da África: implicações para melhoria e conservação de recursos genéticos. Genética Teórica e Aplicada, 108, 1274-1284.

Huijbregts M. (1999). Avaliação do impacto do ciclo de vida de poluentes atmosféricos acidificantes e eutrofizantes . Cálculo de fatores de equivalência com RAINS-LCA. Departamento Interdocente de Ciências Ambientais. Universidade de Amsterdã., Amsterdã. AIE B.

IBGE (2020). Cartografia. Instituto Brasileiro de Geografia. https://www.ibge.gov.br/geociencias/organizacao-do-erritorio / estruturaterritorial /   15761-areas-dos-municipios.html?= &t=o-que-e (Acessado em 06/09/2022).

AIE (2020). Agência Internacional de Energia. https://www.epe.gov.br/pt/abcdenergia/matriz-energetica-e-eletrica

Innocenti, ED & Oosterveer , P. (2020). Oportunidades e gargalos para a aprendizagem upstream nas cadeias de valor do óleo de palma certificado pela RSPO: uma análise comparativa entre a Indonésia e a Tailândia. Revista de Estudos Rurais, Volume 78:426-437

IPCC (2013). A Base da Ciência Física. AR5. Painel Intergovernamental de Mudanças Climáticas. Das Alterações Climáticas.

IRHO (1976). Institut De Recherches Pour Les Huiles et Oleagineux IN SOCFINCO

ISO (2006). ISO 14040:(2006). Gestão ambiental - Avaliação do ciclo de vida - Princípios e enquadramento. Padronização de organizações internacionais, p. 20

Jevons, WS (1965). A Teoria da Economia Política. São Paulo: Nova Cultural, 1996.

JEVONS, Stanley. A Teoria da Economia Política. (1871). 5ªEd. Nova Iorque,

Junior, JF, Gonçalves SB, Mendonça S., Guedes SLB, Crotti BF (2019). Produção de biogás a partir de efluente da extração de óleo de palma (POME). 7º Congresso da Rede Brasileira de Tecnologia e Inovação em Biodiesel. Florianópolis, Santa Catarina, 4 a 7 de novembro de 2019

Khalid, AR. & Wan Mustafa, WA (1992). Benefícios externos da regulação ambiental, recuperação de recursos e utilização de efluentes. Ambientalista, 12:277-85.

Khatun, F. (2017). Barreiras Comerciais Relacionadas ao Meio Ambiente e a OMC. Série 77 de documentos ocasionais do CPD, Centro de Diálogo Político (CPD), Dhaka, p.8. http://cpd.org.bd/pub_attach/OP77.pdf . Data de acesso: 08/09/2022.

Koh, LP e Wilcove , DS (2008). A agricultura de dendê está realmente destruindo a biodiversidade tropical? Cartas de Conservação 1: 60-64;

Lago, A. & Pádua, JA (2006). O que é Ecologia. São Paulo: Brasiliense.

Knothe, G. e Razon, LF (2017). Progresso em Energia e Combustão. CiênciaBiodiesel combustíveis. V. 58, pág. 36-59.

Laville, E. (2009). A empresa verde. Olá, São Paulo.

Lima, PCR (2004). Biodiesel e inclusão social. Câmara dos Deputados - Consultoria Legislativa, BrasHia .

Lovelock, J. (2006). A vingança de Gaia. Rio de Janeiro: Intrínseca , p. 19.

MPOC (2012). Óleo de Palma: Um ingrediente versátil para aplicações alimentícias e não alimentícias. Óleo de palma da Malásia

Co: Ncil . http://www.mpoc.org.my/upload/POTS INDIA2012 DatukDr Choo .pdf

McCormick, J. (1992). Rumo ao paraíso: a história do movimento ambientalista. Trad. Marco Antonio Esteves da Rocha e Renato Aguiar, Rio de Janeiro: Relume Dumara , pp.

Miettinen, J., Shi, C., Liew, SC (2016). Distribuição da cobertura do solo nas turfeiras da Península da Malásia, Sumatra e Bornéu em 2015 com mudanças desde 1990. Glob. Eco. Conservar. 6, 67-78

Modo, FM (2005). Tributação ambiental: o papel dos impostos na proteção do meio ambiente. 4ª ed., Curitiba: Jurua , , p. 18

Molina, MJ e Rowland, FS (1974). Sumidouro estratosférico para clorofluorometanos: destruição do ozônio catalisada por átomos de cloro. Natureza vol. 249 28 de junho.

Permpool , N., Bonnet, S., Gheewala, SH (2016). Emissões de gases de efeito estufa decorrentes da mudança no uso da terra devido à expansão do dendezeiro na Tailândia para a produção de biodiesel. Revista de Produção Mais Limpa 134 (2016) 532-538

Moreno, R., Penaranda, A., Gasparatos , P., Stromberg, A., Suwa , JA, Puppim, OK, Takeuchi, H., Shiroyama , O., Saito, M., Matsuura (Eds.) (2018) . Percepções das partes interessadas sobre os serviços ecossistêmicos e os impactos no bem-estar humano dos biocombustíveis de óleo de palma na Indonésia e na Malásia BT - Biocombustíveis e Sustentabilidade: Perspectivas Holísticas para a Formulação de Políticas, Springer, Japão, pp.

Mutsaers HJW (2019). O desafio do dendezeiro: utilizar terras degradadas para seu cultivo Outlook Agric., 48 (3)), pp.

Nasa (2018). Observação de ozônio. Fatos. Administração Nacional Aeronáutica e Espacial.

Neto, JAC et al. (2008). Índice de Sustentabilidade Agroambiental do perímetro irrigado. Ciência Agrotécnica , Vol. 32, n. 4h. 1272-1279, jul/ago.

NOAA (2020). Administração Nacional Oceânica e Atmosférica, ESRL (Laboratório de Pesquisa do Sistema Terrestre). Divisão de Monitoramento Global. CATS (Cromatógrafo para Espécies Traço Atmosféricas). HATS (Grupo de Halocarbonos e outras espécies de traços atmosféricos). https://www.esrl.noaa.gov/gmd/hats/ (Acessado em 08/06/2022).

Noordwijk , MVP, Pacheco, M., Slingerland, S., Dewi, NM (2017). Expansão do óleo de palma nas margens das florestas tropicais ou sustentabilidade da produção? Questões focais de regulamentos e padrões privados. Programa Regional do Sudeste Asiático do Centro Agroflorestal Mundial (ICRAF), Bogor, Indonésia

Norfaradila , J., Norela , S., Salmijah, S., Ismail, BS (2014). Avaliação do ciclo de vida (ACV) para a produção de biodiesel de palma: um estudo de caso na Malásia e na Tailândia. Malaios. Apl. Biol. 43(1): 53-63.

Mundo do Petróleo (2014). CD-ROM. Hamburgo, Alemanha,

Oliveira, ACB, Pezzato , LE, Barros, MM, Pezzato , AC, Silveira, AC (1997) - Torta de dendê em dieta para tilápia do Nilo: Desempenho produtivo. Pesquisa Agropecuária Brasileira, v.32, n.4, p.1-2, abr.

Ordway, EM, Naylor, RL, Nkongho, RN, Lambin, EF (2019). Expansão do dendezeiro e desmatamento no sudoeste dos Camarões associados à proliferação de fábricas informais. 1-11 , doi:10.1038/s41467-018-07915-2

Buraco de Ozônio (2006). http://www.theozonehole.com/ozonedestruction.htm (06/09/2022).

Pacheco P., Gnych , S., Dermawan, A., Komarudin , H., Okarda , B. (2017). As implicações da cadeia de valor global do óleo de palma para o crescimento económico e a sustentabilidade social e ambiental. Paris. http://www.ren21.net . (Acessado em 10/08/2022)

Permpool , N., Bonnet, S., Gheewala, SH (2016). Emissões de gases de efeito estufa decorrentes da mudança no uso da terra devido à expansão do dendezeiro na Tailândia para a produção de biodiesel. Journal of Cleaner Production, Volume 134, Parte B, Páginas 532-538

Pidwirny , M. (2017). Compreendendo a geografia física. Parte 2: Matéria, Energia e Nosso Planeta. capítulo 4. Edição Kindle.

Planeta para a vida (2020). Uma explicação do efeito estufa. http://planetforlife.com/greenexplain/index.html (Acessado em 09-06-2020).pp. 50-59

Queiroz, AG, Franc, L., Ponte, MX (2012). A Avaliação do Ciclo de Vida do Biodiesel de Óleo de Palma (" dende ") na Amazônia; Elsrvier , Volume 36, Amsterdã, Holanda;

Ramalho, F. (2010). Zoneamento agrogeológico , produção e manejo do cultivo de dendê na Amazônia. EMBRAPA Solos, Rio de Janeiro-RJ.

Reis, LM (2021). Viabilidade de implementação do projeto: Recuperação de Áreas Degradadas pelo Sistema Agrícola das Elaies Espécies de dendê de Guiniens (MBA). Escola Superior de Agricultura Luis de Queiros/Universidade de S.Paulo -Brasil Esalq / Usp . http://biblioteca.pecege.org.br/asp/download.asp?codigo=289&tipo_midia =2&iIndex Srv = 1&iU suario =0&obra=55357&tipo= 1 & iBanner =0&iIdioma=0.

Ren 21 (2016). Rede de Políticas Energéticas Renováveis para o Século XXI. Global Relatório de situação - Paris. http://www.ren21.net . (Acessado em 10/08/2022)

Redshaw, M. (2003) Utilização de resíduos de campo e subprodutos de moagem. In: Fairhurst, T.; Hardter, R. (Ed.). "Dendezeiro: manejo para produtividades grandes e sustentáveis". Singapura: PPI: PPIC; Basileia: IPI, p. 307-320.

Rival, A. e Levang, P. (2014). Palmas de controvérsias: O dendezeiro e os desafios do desenvolvimento. Bogor, Indonésia: Centro de Pesquisa Florestal Internacional (CIFOR).

Rivero, S. & Cooney, SP (2010). A Amazônia como fronteira de acumulação de capital: um olhar além das árvores. Capitalismo Natureza Socialismo, 21:4, 50-71.

Rio. e outros. (2009). Pecuária e desmatamento: uma análise das principais causas diretas do desmatamento na Amazônia. Nova Economia, vol. 19, não. 1, pág. 41-66.

Rodrigues Filho, JAA, Camarão , AP, Azevedo, GPC, Braga, E. (1999). Efeito da proporção de casca da semente na composição química da torta de dendê. Belém, PA: Embrapa - CPATU, p.1-4 (Comunicação Técnica Embrapa -CPATU, 1)

Roy, P., Nei, D., Orikasa , T., Xu, Q., Okadame , H., Nakamura, N., Shiina, T. (2009). Uma revisão da avaliação do ciclo de vida (ACV) de alguns produtos alimentares. Revista de Engenharia de Alimentos, v.90, p.1-10.

RSPO (2019). Definições RSPO. https://rspo.org/explore?q=definitions (acessado em 08/06/2028)

RSPO (2012). Os primeiros pequenos produtores independentes do mundo a receber a certificação RSPO. http://www.rspo.org/news_details.php?nid=126

Ruviaro , CF, Gianezini , M., Brandão FS, Winck , CA, Dewes, H. (2014). Avaliação do ciclo de vida na agricultura brasileira frente às tendências mundiais. Revista Produção Mais Limpa, v.28, p.9-24.

Santos, SJ (2008). Boom do óleo de palma na Indonésia: da plantação aos produtos downstream e ao biodiesel. Limpo, 36(5/6):453-65.

Schindler, D. e John, R. (2004). Superfertilização das águas doces e estuários do mundo. Imprensa da Universidade de Alberta, p. 1.

Greetje, S. e Glasbergen , P. (2011). Criando Legitimidade na Governança Privada Global: O Caso da Mesa Redonda sobre Óleo de Palma Sustentável. Economia Ecológica 70 (11): 1891-99. faça :
https://doi.org/10.1016/j.ecolecon.2011.03.012 .

Schouten, G. e Glasbergen , P. (2012). Governança Privada Multissetorial no Mercado Agrícola: Uma Análise dos Processos de Legitimação das Mesas Redondas sobre Óleo de Palma Sustentável e Soja Responsável. Revisão Internacional de Gestão de Alimentos e Agronegócios, vol. 15, Edição Especial B.

Greetje, S., Leroy, P., Glasbergen , P. (2012). Sobre a capacidade deliberativa da governança privada multissetorial: as mesas redondas sobre soja responsável e óleo de palma sustentável. Economia Ecológica 83:42-50.
doi : https://doi.org/10.1016/j.ecolecon.2012.08.007

Silva, HG de O., Pires, AJV, Silva, FF Da, Veloso, CM, Carvalho, GGP De, Cezario , AS, Santos, CC (2005). Digestibilidade aparente de dietas contendo farelo de cacau ou torta de dendê em cabras lactantes. Pesquisa Agropecuária Brasileira, v. 40, n. 4, p.405 411.

Silva HG De O., Pires, AJV, Silva, FF Da, Veloso, CM, Carvalho, GGP (2017). Uma revisão das funções ecossistêmicas nas plantações de dendezeiros, utilizando as florestas como sistema de referência. Biol Rev, 92 pp.

SIPAM (2010). Sistema de Proteção da Amazônia. Boletim Climático da Amazônia. Divisão de Meteorologia – DIVMET, CR Manaus, Ano 10 – Nº 108. www.sipam.gov.br

SOCFINCO (1976). Amazônia 1.000.000 de toneladas, Óleo de Palma. Proposta para a Primeira Etapa do Projeto. Socinco do Brasil . Agroindústria Comércio e Representações Ltda. Rio de Janeiro.

SUDAM/PHCA (1984). Atlas Climatológico da Amazônia Brasileira. SUDAM/PHCA, Belém, PA, (Publicação 39)

SUDAM/PHCA (1984). Atlas climatológico da Amazônia brasileira: Belém, Pará, Brasil, Superintendência de Desenvolvimento da Amazônia. Projeto de Hidrologia e Climatologia da Amazônia, Publ. 39, 125p

Torresi , SIC, Pardini, VL, Ferreira, VF (2010). O que é sustentabilidade. Química Nova, Vol. 33, nº 5. USP, São Paulo.

PNUMA (2019). Manual do Protocolo de Montreal sobre Substâncias que Destroem a Camada de Ozônio. Programa das Nações Unidas para o Meio Ambiente , 13ª Ed. https://ozone.unep.org/sites/default/files/2019-08/MP_Handbook_2019_0.pdf (Acessado em 09-06-2020).

Página inicial das Nações Unidas (2007). http://www.fao.org/publications/sofi/en/ (Acessado em 09/08/2021).

USDA (2021). Departamento de Agricultura dos Estados Unidos, Departamento de Agricultura.

Rivera-Mendez, YD, Mendez, DT, Rodriguez, HM (2016). Pegada de carbono da produção de dendê (Elaeis guineensis Jacq.) cachos de frutas frescas na Colômbia. Jornal de Produção Mais Limpa, Volume 149, Páginas 743-750.

Vijay, V., Pimm, SL, Jenkins, CN, Smith, SJ (2016). Os impactos do dendezeiro no desmatamento recente e na perda de biodiversidade. PLoS UM 11(7): e0159668.

Veiga, José Eli da (2015). Desenvolvimento sustentável. O desafio do século XXI. Rio de Janeiro: Garamond.

Villela, AA, Jaccoud , DB, Rosa, LP, Freitas MV (2014). Situação e perspectivas do dendezeiro na Amazônia brasileira. Biomassa e Bioenergia, 67, pp.

Wallace, PA, Adu , EK, Rhule, SWA (2010). Condições ideais de armazenamento para torta de cacau com casca, torta de palmiste e torta de copra como ração para aves e gado em Gana. Investigação Pecuária para o Desenvolvimento Rural, v.22, n.2.

WCED (1987). Nosso Futuro Comum. Relatório da Comissão Mundial sobre Meio Ambiente e Desenvolvimento, Oslo.

Yeong, SW (1987). Subprodutos do óleo de palma como ração para aves. In: Simpósio Nacional sobre Subprodutos de Dendê para Indústrias Agrobaseadas , Kuala Lumpur, Malásia.

Zolin, CA (2010). Análise e otimização de projetos de Pagamentos por Serviços Ambientais (PSA) utilizando Sistemas de Informações Geográficas (SIG) - o caso do município de Extrema, MG. Universidade de São Paulo, Piracicaba, 128 p.

Anexos

Anexo 1 - Fluxo de Caixa e Capacidade de Pagamento

FLUXO DE CAIXA E CAPACIDADE DE PAGAMENTO DAS INVERSOES PROJETADAS - 800 HA DE DENDÊ
AMORTIZACAO EM % SOBRE SALDO DEVEDOR

DISCRIMINACAO	ANO 1 — 2 021	ANO 2 — 2 022	ANO 3 — 2 023	ANO 4 — 2 024	ANO 5 — 2 025	ANO 6 — 2 026
I-RECEITA					2 796 990,40	4 320 000,000
II-CUSTO OPERACIONAL	-	-	2 792 381,24	2 864 344,86	2 843 320,67	2 792 381,235
III-FLUXO OPERACIONAL(I-II)	-	- -	2 792 381,24 -	2 864 344,86 -	44 330,27	1 527 618,765
IV -DEPRECIACAO AGRICOLA			582 399,23	582 399,23	582 399,23	582 399,228
VALOR RFESIDUAL			-			
V REINVESTIMENTO						289 034,48
VI -INVERSOES PROJETADAS	11 007 150,84	3 220 480,84	2 399 996,54	2 600 817,07		
VII -INVER. TOTAIS(VI+VII)	11 007 150,84	3 220 480,84	2 399 996,54	2 600 817,07		289 034,480
VIII-FLUXO PROJ.(III+IV-VII)	- 11 007 150,84 -	3 220 480,84 -	4 609 980,55 -	4 882 762,70	538 068,96	1 840 063,513
IX-FINANCIAMENTOS TOTAIS	9 853 284,84	2 808 432,76	2 159 996,69	2 340 735,36	-	289 034,480
X1 - BASA FNO	9 853 284,84	2 808 432,76	2 159 996,69	2 340 735,36	-	
2-REINVER.DE LUCRO						289 034,480
1-INVESTIMENTOS						
1.1. SETOR AGRICOLA	10 948 093,43	3 220 480,84	2 399 996,54	2 600 817,07	-	289 034,480
A-BASA FNO	9 853 284,84	2 808 432,76	2 159 996,69	2 340 735,36	-	
B-R.PRÓPRIOS	1 094 808,59	322 048,08	239 999,85	260 081,71	-	
2-REINVER.DE LUCRO (50% s/XIV)						289 034,480
X I - FLUXO BRUTO(VII+IX)	- 11 007 150,84 -	3 220 480,84 -	4 609 980,55 -	4 882 762,70	538 068,96	2 110 017,993
XI L - SERVICO DA DIVIDA			-		-	1 533 700,818
*2.1-EncARGOS (Juros 4,48% + A.A.) S/INVER.PROJETADAS						
Jr.Capit.S/Inv.Proj.	472 957,67	634 784,41	788 934,00	918 198,13	962 271,84	1 008 480,680
SALDO ACUMULADO	10 326 242,51	13 659 459,66	16 788 392,37	20 047 325,66	21 009 597,50	20 484 357,564
EM % S/SALDO DEVEDOR						3%
XIII - FLUXO(VIII-XI)	- 11 007 150,84 -	3 220 480,84 -	4 609 980,55 -	4 882 762,70	538 068,96	307 282,895
XIV - FLUXO LIQ.(X-XI-XIII)	- 11 007 150,84 -	3 220 480,84 -	4 609 980,55 -	4 882 762,70	538 068,96	576 317,375

'FLUXO DE CAIXA E CAPACIDADE DE PAGAMENTO DAS INVERSOES PROJETADAS - 800 HA DE DENDÊ
CONTINUAÇÃO FLUXO DE CAIXA

ANO 7 — 2 027	ANO 8 — 2 028	ANO 9 — 2 029	ANO 10 — 2 030	ANO 11 — 2 031	ANO 12 — 2 032	ANO 13 — 2 033	ANO 14/ANO26 — 2034 -2041
5 760 000.000	7 200 000.000	7 920 000.000	8 640 000.000	8 640 000.000	8 640 000.000	8 640 000.000	112 320 000.000
3 007 236.969	2 864 344.863	3 146 278.317	2 933 265.253	3 240 601.185	3 240 601.185	3 240 601.185	42 127 815.406
2 752 763.031	4 335 655.137	4 773 721.683	5 706 734.747	5 399 398.815	5 399 398.815	5 399 398.815	70 192 184.594
582 399.228	582 399.228	582 399.228	582 399.228	582 399.228	582 399.228	582 399.228	7 571 189.961
							1 206 558.81
				2 973 317.630			2 973 317.63
-	-	-	-	2 973 317.630	-	-	2 973 317.630
3 335 162,259	4 918 064,365	5 355 120,911	6 289 133,975	5 981 798,043	6 981 798,043	6 981 798,043	76 996 016,740
288 158.688	295 818.013	781 779.930	1 125 804.262	1 526 130.850	1 349 477.780	1 366 457.231	47 763 659.279
288 158.688	295 818.013	781 779.930	1 125 804.262	1 526 130.850	1 349 477.780	1 366 457.231	47 763 659.279
288 158.688	295 818.013	781 779.930	1 125 804.262	1 526 130.850	1 349 477.780	1 366 457.231	47 763 659.279
288 158.688	295 818.013	781 779.930	1 125 804.262	1 526 130.850	1 349 477.780	1 366 457.231	47 763 659.279
3 623 320,946	5 213 872,378	6 137 900,841	7 414 938,236	7 607 928,893	7 331 276,823	7 348 255,274	123 760 275,019
3 061 664,920	3 650 312,518	3 886 292,317	4 362 576,537	4 808 973,332	4 598 361,361	-	-
983 249.163	884 924.247	752 185.610	601 748.488	421 223.941	210 611.971		
18 435 921.808	15 670 533.537	12 536 426.629	8 775 498.781	4 387 749.390	-		
10%	15%	20%	30%	50%	100%		
308 477,830	1 267 741,847	1 469 828,594	1 926 457,438	1 172 824,711	1 383 436,682	6 981 798,043	76 996 016,740
591 636,027	1 563 559,850	2 251 608,524	3 052 261,700	2 698 965,661	2 732 914,462	7 348 255,274	123 760 275,019

Dados do setor agrícola necessários ao cultivo do dendezeiro, desde o pré -viveiro (semeadura) até a colheita.

ESPECIFICACAO	UN	QUANT HA	QUANT 600 Ha
ANO 1 - 2021			
A-FORMACAO DE MUDAS			
A2-PRÉViveiro			
Fertilizantes	kg/lt		
Adesivo	lt	0,07	42,00
Nitrogenio	Kg	0,12	72,00
Fertilizante NPK	kg	0,20	120,00
Defensivos	kg/lt		
Endrim - organoclorados	lt	0,025	15,000
Sevim - Carbamato	lt	0,075	45,000
Benlate - Benzimidazoles	kg	0,07	42,000
Dithane- ditiocarbamato	kg	0,015	9,000
Semetol - abamectina	kg	0,03	18,000
Herbicida- glyphosate	kg	0,04	24,000
Preparo de terreno	h/mq	0,20	
Diesel	LT	1,2	720,00
oleo lubrficante	LT	0,3	180,00
Trans.de Terrico	h/mq	0,50	
Diesel	LT	7,5	4 500,00
oleo lubrficante	LT	0,75	450,00
IRRIGAÇÃO	H/moto bomba	3,00	
Diesel	lt	3,6	2 160,00
oleo lubrficante		0,36	216,00

A3-Viveiro

Fertilizantes	kg/lt		-
Adesivo	lt	0,07	42,00
Boro	kg	2,00	1 200,00
Nitrogenio	Kg	32,00	19 200,00
Fertilizante NPK	kg	60,00	36 000,00
- Magnésio	kg	20,00	12 000,00
			-
Defensivos	kg/lt		-
Endrim - organoclorados	LT	0,055	33,00
Parathion - organofosforados	Kg	0,02	12,00
Benlate - Benzimidazoles	KG	0,26	156,00
Dithane- ditiocarbamato	KG	0,26	156,00
- Temik - Carbamatos- Aldicarb	Kg	2,112	1 267,20
			-
Herbicida	kg		-
Contacto		0,15	90,00
Aspect -flufenacete + terbutilazina	Kg		-
Pre Emergente			-
Glyphosate	Kg	0,20	120,00
			-
Preparo de terreno	h/mq	0,40	240,00
Diesel	lt	4,8	2 880,00
òleo lubrificante	lt	0,48	288,00
Trans.de Terrico	h/mq	0,80	480,00
Diesel	lt	12	7 200,00
òleo lubrificante	lt	1,2	720,00
			-
Irrigação	H/Moto bomba		-
Diesel	lt	14,00	8 400,00
Óleo lubrificante		1,40	840,00

PREPARO DA ÁREA;PLANTIO LEGUMINOSA;ESTRADAS

ESPECIFICACAO			
ANO 0 2021	UN	QUANT	QUANT
B-PREPARO AREA		HA	600 HA
B.1 - 1a.-Delim.area			
Trator de rodas	Hr	0,15	90,00
Diesel	lt	2,25	1 350,00
Óleo Lubrificante	lt	0,23	135,00
B.2-Limpeza Sub-Bosque			-
Trator de Rodas	Hr	0,15	90,00
Diesel	lt	2,25	1 350,00
Óleo Lubrificante	lt	0,23	135,00
B.3-Levantamento topografia			-
Trator de rodas	Hr	0,50	300,00
Diesel	lt	7,50	4 500,00
Óleo Lubrificante	lt	0,75	450,00
			-
B.4-Plantio leguminosa			-
Gradagen-/Adubação./Herbicida	h/mq	2,00	1 200,00
Diesel	lt	30,00	18 000,00
Óleo Lubrificante	lt	3,00	1 800,00
-Fosfato Natural	Kg	500,00	300 000,00
-Plantio.Cobertura/adubação	h/mq	0,90	540,00
Diesel	lt	13,50	8 100,00
Óleo Lubrificante	lt	1,35	810,00
-Pueraria	kg	2,00	1 200,00
Herbicida- glyphosate	lt	2,00	1 200,00
-NPK DAP 5.38.15	kg	150,00	90 000,00
Tansporte trato de rodas	h/maq	0,15	90,00
Diesel	lt	2,25	1 350,00
Óleo Lubrificante	lt	0,23	135,00

ESPECIFICACAO	UN	QUANT HA	QUANT 600 HA
DO PLANTIO/FORMAÇÃO			
ANO 2 - 2022			
C-PLANTIO			
Adubo Quimico			
-Ureia	kg	35,70	21 420,00
-Fosf.Natural	kg	71,50	42 900,00
-KCL	kg	28,60	17 160,00
-Borax	kg	3,86	2 316,00
-MGO	kg	10,73	6 435,00
- N . P . K. 5.38.15	kg	150,00	90 000,00
Herbicida- glyphosate	kg/lt	1,00	600,00
Raticida - Racumim	kg	0,35	210,00
Insecticida Semetol - abamectina	kg/lt	0,50	300,00
Transporte	h.maq.	8,25	4 950,00
Diesel	lt	120,00	72 000,00
Óleo Lubrificante	lt	12,00	7 200,00
Conservacao/estrada	h.maq.	0,50	300,00
Diesel	lt	9,66	5 796,00
Óleo Lubrificante	lt	0,97	579,60
			-
			-
ANO 3 - 2023			-
D-IMPLANTACAO 1° ANO			-
			-
Adubo Quimico			-
-Ureia	kg	71,50	42 900,00
-Fosf.Natural	kg	107,25	64 350,00
-KCL	kg	71,50	42 900,00
-Borax	kg	7,15	4 290,00
-MGO	kg	28,60	17 160,00
Herbicida- glyphosate	kg/lt	1,00	600,00
Raticida - Racumim	kg	0,20	120,00
Insecticida Semetol - abamectina	kg/lt	1,00	600,00
Transporte	h.maq.	2,00	1 200,00
Diesel	lt	30,00	18 000,00
Óleo Lubrificante	lt	3,00	1 800,00
Conservacao/estrada	h.maq.	0,50	300,00
Diesel	lt	9,66	5 796,00
Óleo Lubrificante	lt	0,97	579,60
ANO 4 - 2024			-
E-IMPLANTACAO 2° ANO			-
			-
Adubo Quimico			-
-Ureia	kg	71,50	42 900,00
-Fosf.Natural	kg	143,00	85 800,00
-KCL	kg	71,50	42 900,00
-Borax	kg	10,73	6 435,00
-MGO	kg	50,05	30 030,00
Herbicida- glyphosate	kg/lt	1,00	600,00
Raticida - Racumim	kg	0,15	90,00
Insecticida Semetol - abamectina	kg/lt	2,00	1 200,00
Transporte	h.maq.	2,00	1 200,00
Diesel	lt	30,00	18 000,00
Óleo Lubrificante	lt	3,00	1 800,00
Conservacao/estrada	h.maq.	0,50	300,00
Diesel	lt	9,66	5 796,00
Óleo Lubrificante	lt	0,97	579,60

PRODUÇÃO, TONELADAS POR HA E PRODUÇÃO DE 600 HA DE DENDÊ

ANOS	**PRODUÇÃO TON HÁ E PRODUÇÃO TOTAL 600 HA		
		ANO/ CACHOS / HÁ	TOTAL 600 HÁ
2 025,000	N 5	8,00	4 800,00
2 026,000	N 6	12,00	7 200,00
2 027,000	N 7	16,00	9 600,00
2 028,000	N 8	20,00	12 000,00
2 029,000	N 9	22,00	13 200,00
2 030,000	N 10	24,00	14 400,00
2031 A 2041	N 11 A N 24	24,00	14 400,00

ANO 5 - 2025

F-COMEÇO DA PRUDOÇÃO 1° ANO

Adubo Quimico			
-Ureia	kg	71,50	42 900,00
-Fosf.Natural	kg		-
-KCL	kg	143,00	85 800,00
-Borax	kg	10,73	6 435,00
-MGO	kg	57,20	34 320,00
Herbicida- glyphosate	kg/lt	2,00	1 200,00
Raticida - Racumim	kg	0,10	60,00
Insecticida Semetol - abamectina	kg/lt	2,00	1 200,00
Transporte	h.maq.	2,00	1 200,00
Diesel	lt	30,00	18 000,00
Óleo Lubrificante	lt	3,00	1 800,00
Conservacao/estrada	h.maq.	0,50	300,00
Diesel	lt	9,66	5 796,00
Óleo Lubrificante	lt	0,97	579,60

SAIDAS			
CACHO FRUTO MADURO	TON	8,00	4 800,00

CUSTEIO AGRÍCOLA

ANO 6 - 2026 A 2041 (16 ANOS)		QUANT HA	QUANT 600 HA	QUAN TOTAL 16 ANOS
G-CUSTEIO AGRÍCOLA				
Adubo Químico				
-Ureia	kg	180,00	108 000,00	1 728 000,00
-KCL	kg	216,00	129 600,00	2 073 600,00
-Borax	kg	25,20	15 120,00	241 920,00
-MGO	kg	90,00	54 000,00	864 000,00
Herbicida- glyphosate	kg/lt	1,00	600,00	9 600,00
Insecticida Semetol - abamectina	kg/lt	1,00	600,00	9 600,00
Transporte	h.maq.	2,00	1 200,00	19 200,00
Diesel	lt	30,00	18 000,00	288 000,00
Óleo Lubrificante	lt	3,00	1 800,00	28 800,00
Conservacao/estrada	h.maq.	1,00	600,00	9 600,00
Diesel	lt	19,32	11 592,00	185 472,00
Óleo Lubrificante	lt	1,93	1 159,20	18 547,20

SAIDAS					
CACHO FRUTO MADURO	ANO		TON CACHO HÁ	TON CACHO 600 HÁ	TOTAL 16 ANOS
	2026		12,00	7 200,00	7 200,00
	2027		16,00	9 600,00	9 600,00
	2028		20,00	12 000,00	12 000,00
		2 029	22,00	13 200,00	13 200,00
	2030		24,00	14 400,00	14 400,00
	2031 A 2041 (11 ANOS)		24,00	14 400,00	158 400,00
	TOTAL DE CACHO FRUTO				214 800,00

O processo de cultivo do dendezeiro envolve o uso de fertilizantes, pesticidas, minerais (carbonato de cálcio) e diesel para transporte (dentro da plantação). O produto principal de cada processo torna-se a entrada para o processo seguinte. Cada processo é interdependente em relação aos demais. Em geral, os insumos energia elétrica, água e vapor serão os principais insumos utilizados em cada processo bifásico na produção do biodiesel de palma. A eletricidade utilizada será quantificada em unidades de watts por hora.

yes I want morebooks!

Buy your books fast and straightforward online - at one of world's fastest growing online book stores! Environmentally sound due to Print-on-Demand technologies.

Buy your books online at
www.morebooks.shop

Compre os seus livros mais rápido e diretamente na internet, em uma das livrarias on-line com o maior crescimento no mundo! Produção que protege o meio ambiente através das tecnologias de impressão sob demanda.

Compre os seus livros on-line em
www.morebooks.shop

info@omniscriptum.com
www.omniscriptum.com

Printed by Books on Demand GmbH, Norderstedt / Germany